음식 가지고 놀기!
평범한 빵 한 조각이라도 창의적인 아이디어만 살짝 더한다면, 그건 예술작품으로 변합니다.

이 책에는, 우리 모두를 위한 창의적인 한 그릇 음식이 있습니다.
이 책에는, 누구나 누릴 수 있는 건강하고 맛있는 예쁜 음식이 있습니다.
이 책에는, 쉽고 재미있게 만들 수 있는 아이디어가 있습니다.

주변에서 쉽게 구할 수 있는 식재료를 사용하고, 거창한 조리기구도 필요 없습니다.
물론 만드는 시간도 단 몇 분밖에 걸리지 않아 누구나 시도해볼 수 있어요.

자, 이제 창의적인 음식을 재미있게 만들어 주방에서 즐길 수 있는 시간을 누려보세요.

|지은이| 이다 시베네스

이다 시베네스 *Ida Skivenes*는 '@IdaFrosk'라는 이름으로 인스타그램에 다양한 푸드 아트를 선보이고 있다. 그녀의 푸드 아트에 열광한 전 세계 16만 명 이상이 그녀의 팬이 되었다. 그녀는 노르웨이 일간지 〈VG〉와, 〈Foreldre & Barn(부모와 아이들)〉이라는 잡지에 정기적으로 푸드 아트를 기고하고 있으며, 〈Vogue(보그)〉, 〈Wall Street Journal(월 스트리트 저널)〉 등 세계적인 잡지와 영국 BBC 등 방송 매체에도 그녀의 푸드 아트가 소개되었다.

|옮긴이| 손화수

한국외국어대학교를 졸업하고 1998년 노르웨이로 건너가 크빈헤라드 고등종합학교 강사, 크빈헤라드 예술학교 전임 강사를 역임했다. 현재 노르웨이 문학협회 소속 번역가로 노르웨이 문학서 전문 번역가로 활동하고 있다. 2012년 노르웨이 국제 번역문학협회의 '올해의 번역가 상'을 받았고, 2014년에는 오슬로에서 개최된 국제 번역문학 컨퍼런스에 한국어 번역가 대표 자격으로 참가하여 강의를 하기도 했다. 옮긴 책으로는 《파리인간》, 《피렌체의 연인》, 《우아한 제국》, 《루시퍼의 복음》, 《바르삭》, 《노스트라다무스의 암호》 등이 있다.

EAT YOUR ART OUT

이다의 푸드 아트

Playful Breakfasts by IdaFrosk

이다 시베네스 지음 | 손화수 옮김

Food Art Contents

아침, 그리고 내 미친 부엌

아침 식사는 하루 삼시 세끼 중에서도 내가 가장 좋아하는 끼니이다. 특히 일요일 아침 느지막이 일어나 식탁 한가득 빵과 팬케이크, 맛좋은 과일, 그리고 뜨거운 커피를 앞에 놓고 앉아 있노라면 행복하기까지 하다. 바쁜 주중의 아침이면 따뜻한 오트밀 죽을 먹으며 하루를 시작하기도 한다.

나는 시골 농가에서 자랐다. 우리 집 거실 탁자 위에는 언제나 여러 종류의 과일을 담은 그릇이 있었고, 저녁 식사에는 항상 신선한 샐러드가 사이드 메뉴로 식탁 위에 오르곤 했다. 덕분에 나는 어려서부터 습관적으로 채소와 과일을 즐겨 먹었고, 채소와 과일을 향한 나의 유별난 사랑은 가까운 이들과 공유할 수 있는 무언가를 시도하게 만들었다.

2012년 여름, 어느 날 우연히 나는 인스타그램(Instagram.com/IdaFrosk)에 음식 사진 한 컷을 올렸다. 그 사진으로 나는 예견하지 못했던 '푸드 아트(Food Art)'라는 동화 같은 세계의 모험을 시작했다.

내가 가장 처음 올렸던 그 사진은 '곰과 여우'로 묘사한 토스트 2장이었다. '내가 만든 음식처럼 누군가 내게 저런 귀여운 아침 식사를 만들어주면 얼마나 행복할까?' 하지만 아쉽게도 실제로 그런 일은 생기지 않았고, 결국 나는 내 손으로 직

접 '곰과 여우' 토스트를 만들었다. 나이프로 빵을 썰고, 잼과 과일로 이리저리 꾸미다 보니 꽤 재미가 있었다. 만들고 나서는 은근히 남들에게 자랑하고픈 마음도 생겼다. 그래서 난 '곰과 여우' 토스트 사진을 찍었고, 새롭게 시작한 내 인스타그램에 사진을 게시했다.

그 이후로 나는 음식 만들기에 눈을 뜨기 시작했던 것 같다. 하나둘 음식을 만들다 보니 조금씩 자신감이 들기 시작했다. 남들의 레시피를 따라 하기보다는 오직 내 아이디어로 나만의 음식을 만들겠다는 바람도 생겼다. 마침내 나는 내 상상력을 발현할 수 있는 나만의 창조적인 매개물을 찾게 되었다. 그것은 바로 '음식(Food)', 신선하고 다양한 식재료들이었다!

온종일 통계사로 일하는 내게 이제 푸드 아트는 아침에 즐기는 소중한 취미가 되었다. 나는 전문적인 요리사도 예술가도 아닌 평범한 여자다. 하지만 보통 사람인 나도 음식을 만들 때 유쾌할 수 있다면, 얼마든지 내 상상력을 자극하는 재미있는 놀이로서의 푸드 아트가 될 수도 있다고 생각한다.

내게는 아직 보살펴주고 음식을 해주어야 할 아이가 없다(현재 이다는 출산을 앞두고 있다). 그

래서 만든 푸드 아트 사진을 인스타그램에 올린 후 혼자 먹거나 가까운 사람들과 나누어 먹는 간식으로 이용했다. 하지만 아이가 있는 엄마라면 아이와 함께 놀이처럼 푸드 아트를 완성하고 나서 함께 맛있게 먹을 수 있을 것이다. 이것은 그 자체로 아이의 창의력을 자극하는 훌륭한 체험 학습이 됨은 물론, 다양한 식재료와도 가까워질 수 있는 계기가 될 것이다.

사실 나는 세계의 가장 먼 곳까지 내가 만든 푸드 아트가 화제가 될 것이라고는 상상하지 못했다. 내가 좋아하는 것으로 전 세계 사람들에게 주목받는다는 것은 참으로 의미 있는 일이다. 인터넷을 통해 나의 푸드 아트를 여행한 세계 곳곳의 많은 사람들에게 감사의 인사로 이 책 《이다의 푸드 아트 — *Eat Your Art Out*》를 선물하고 싶다. 그들은 나의 푸드 아트 사진을 열정적으로 추천해주었고, 내게 더 좋은 아이디어들을 제안해주었다. 덕분에 나는 음식을 보다 시각적으로, 창의적으로 표현할 수 있었고, 나의 푸드 아트는 하나의 예술 작품으로서의 가치가 생겼다.

사실 이 지구상에는 음식으로 자신을 표현하거나 예술 작품을 창조하는 이들이 수없이 많다. 음식 예술의 흐름은 일본의 도시락에서 그 기원을 찾을 수 있으며, 세계 각국으로 수많은 가지가 뻗어 있다. 나의 푸드 아트는 창작한 모든 작품을 먹을 수 있으므로 실용예술에 포함된다고 할 수 있다. 또한 고전예술이 아닌 현대예술, 그리고 만화나 영화 등에 바탕을 두고 있다.

나는 또한 단어 게임을 좋아해서 새로운 단어, 나만의 단어를 자주 만들곤 한다. 특히 영어 단어를 자주 사용하는데, 이 책에 등장하는 각각의 푸드 아트 제목에 영어를 사용한 것도 바로 그 때문이다. 나는 일상에서 눈여겨보았던 것들도 종종 푸드 아트의 주제로 활용하곤 한다. 날씨와 휴일의 분위기 등이 그 예이다. 사실 초기에는 인터넷에서 접한 유명 작품들에서 아이디어를 얻어 재창조하는 것을 즐겼다. 하지만 시간이 지나면서 나는 창작에 대한 나름의 가치관이 생겼다. 푸드 아트는 누구의 아이디어가 더 신선한지 경쟁하는 것이 아니라고 생각한다. 가장 중요한 것은 작품을 창조하는 과정과 결과가 조금 더 '인간적'이어야 한다는 것이 아닐까?

나는 누구나 뛰어난 상상력을 지니고 있다고 믿는다. 중요한 것은 그러한 상상력을 구현하는 창의력 개발에 대한 노력이라 생각한다. 나는 이 책이 초기 창의력 개발에 도움을 줄 수 있으리라 확신한다. 완벽한 작품을 만들어낼 필요는 없다. 내게도 처음 시도해본 작품이 늘 완벽하지는 않았다.

나는 이 책이 많은 이들에게 평범한 일상 속에서 영감과 흥미를 줄 수 있기를 희망한다. 손수 음식을 만드는 동안 잠시 상상과 꿈의 세계에 빠져보고 싶은 모든 사람들에게 말이다. 만일 당신이 아침이면 유난히 느릿느릿해지는 '부엉이과'라면 이 책에서 소개한 푸드 아트 메뉴들을 아침 식사 대신 휴일 브런치나 점심·저녁 식사 또는 간식으로 대체해도 좋다.

자, 이제 음식 갖고 즐겁게 놀아보자. 그리고 행복하게 먹자!

Love, Ida

PHYSALIS

음식 갖고 놀기!

누구나 어릴 때 '음식 가지고 놀면 안 된다'는 말을 들어보았을 것이다. 나도 마찬가지다. 하지만 성인이 된 후에는 이 말을 그리 염두에 두지 않게 되었다. 아마도 우리 부모님들은 아이들이 음식을 가지고 놀다가 여기저기 흘리거나, 노는 데 정신이 팔려 먹는 걸 잊어버리지 않을까 걱정해서 그런 말을 했던 게 아닐까 싶다. 물론 음식의 목적이 오직 배를 채우기 위한 수단이었던 시대에는 음식을 먹을 수 있는 기회를 얻는 것만으로도 감사해야 했다.

따라서 음식을 가지고 논다는 것은 상상할 수도 없는 일이었을 것이다. 하지만 요즘 세상에도 그럴 필요가 있을까? 오히려 '신선하고 건강한 식재료로 즐겁게 놀 수 있다'는 상상을 가능하게 해준 자연에게 우리가 주는 찬사의 의미로 해석하면 어떨까?

형형색색의 빛깔, 서로 다른 질감과 맛을 지닌 수많은 식재료를 보면 우리는 엄청난 영감을 떠올릴 수 있다. 여러 종류의 음식을 먹을 때면 아이든 어른이든 누구나 자신의 감각을 더욱 활성화할 수 있다. 그러면 음식을 먹는 것은 단순히 필수불가결한 의무가 아니라 모양과 이미지를 탐색하는 즐거움과 놀이로 다가올 것이다. 가족들이 전혀 생각지 않았던 음식을 원할 때, 새로운 메뉴보다 신선한 재료의 푸드 아트로 한 끼 식사를 만드는 것이 오히려 더 쉬울 수 있다.

아침에는 입맛도 없고 기분도 별로인 사람들이 많다. 그런 사람에게 입가에 미소를 지을 수 있는 음식을 건네준다면 분위기가 한층 밝아질 것이다. 아침에 일어나 식탁에 앉을 때 사자 오트밀이나 고양이 빵이 접시에 담겨 있다고 한번 상상해보라. 이런 음식은 만드는 시간이 오래

걸리지 않으면서도 누릴 수 있는 기쁨의 크기는 훨씬 크다.

내가 이 책에서 소개한 대부분의 음식은 이른 아침 출근하기 전에 만든 것이다. 시간을 많이 소비하지 않고 간단하게 만들 수 있는 음식들이다. 물론 이 책에는 온 가족이 함께하는 주말, 여유가 있을 때 만들 수 있는 조금 복잡한 음식도 함께 소개되어 있다.

푸드 아트를 매일 또는 매주 만들 필요는 없다. 하지만 스트레스를 풀고 싶을 때, 혼자 있는 시간이 따분할 때, 아이와 놀아줘야 할 때 가끔 할 수 있는 즐거운 취미로 삼기에는 더없이 좋다. 음식을 가지고 노는 일이 항상 유쾌한 것은 아니다. 가령 레스토랑에서 식사를 하거나 남의 집에 초대되어 식사를 할 경우에는 더욱 그렇다. 어른 아이를 막론하고 누구든 사회적 예의는 지켜야 한다. 눈앞에 보이는 빵조각이 황혼 속의 엘크(Elk, 북아메리카와 유럽에 분포한 사슴과의 포유류)를 닮았다고 해서, 주변의 시선을 무시한 채 작품을 만들겠다고 나이프를 들이댈 수는 없는 일이다. 좋은 아이디어가 떠오르면 잘 간직해두었다가 집에 가서 시도해보자.

다양한 영양소를 섭취하기 위해서는 여러 가지 재료를 골고루 사용하는 것이 매우 중요하다. '무지개 색의 음식 먹기(Eat the Rainbow)'는 제목 그대로 이 책의 기본 아이디어로 사용되었다(본문 48쪽 참조). 이 책에 소개한 모든 푸드 아트 레시피들은 슈퍼푸드로 만든 레시피들로 맛도 좋고 보기에도 멋진 한 그릇 영양식이다. 여러 가지 영양소가 풍부하게 함유되어 있어 하루를 건강하게 시작하거나 기분 좋게 마무리할 수 있는 음식들인 셈이다. 푸드 아트 레시피 중에는 먹는 양에 따라 다소 부족한 것들도 있다. 그렇다면 만드는 양을 배로 늘려도 좋고, 식욕이 좋은 사람들은 다른 음식과 함께 먹어도 좋다.

가끔 푸드 아트를 만든 후 남은 음식은 어떻게 처리하느냐는 질문을 받는다. 나는 필요한 재료를 적정량만 사용하는 것이 매우 중요하다고 생각한다. 음식을 가지고 논다고 해서 신선한 재료를 낭비해도 된다는 말은 아니다. 만일 재료가 남았다면 다르게 활용할 수 있는 방법도 있지만 집에 늘 있는 재료나 냉장고에 있는 재료를 사용해서 푸드 아트를 만드는 것이 가장 좋다.

이 책에 소개된 모든 음식은 채식주의자들이나 체중조절이 필요한 사람들이 매우 좋아할 만한 레시피들이다. 하지만 개인적으로 원하는 재료가 따로 있다면 그것으로 대체해도 무방하다. 상상력을 발휘해 스스로 좋아하는 음식을 만들 수 있다면 그보다 더 좋은 일은 없을 테니 말이다.

마지막으로 《이다의 푸드 아트 – *Eat Your Art Out*》는 특정 대상만을 위한 책은 아니다. 그러나 이 책을 활용하는 가장 좋은 방법은 아이와 어른이 함께 음식을 가지고 놀면서 상상력을 표현하는 것이다. 누구나 신선한 재료의 색깔과 질감, 고유의 맛을 창의적으로 이용할 수 있는 자유가 있다. 자신에게 숨어 있는 창의력을 발휘해 즐겁게 상상하면서 음식 갖고 놀아보면 어떨까?

Andy Warhol : Banana Cover

이 책에 소개된 레시피들은 대부분 어디서나 구할 수 있는 재료를 사용해 만들었다. 냉장고에 남아 있는 재료나 주방에 늘 상비되어 있는 재료로 만들 때도 많다. 다만 건강과 맛을 고려한 슈퍼 푸드가 대부분이다. 사용한 주방기기도 대부분의 부엌에서 볼 수 있는 것들이다. 누구나 어렵지 않게 시도해볼 수 있지만 좀 더 쉽고 재미있게 푸드 아트를 만들기 위해 몇 가지 조언을 하고자 한다.

- 식욕을 돋우고 창의적인 식사 분위기를 동시에 연출하고 싶다면 먼저 식재료의 색과 크기, 그리고 질감을 고려하는 것이 바람직하다.
- 평소 즐겨 먹어 늘 냉장고에 있는 재료나 주변에서 손쉽게 구할 수 있는 재료를 이용하는 것이 좋다.
- 식재료는 영양소가 풍부한 것으로 선택하고 영양의 균형을 고려한다.
- 아이와 함께 만들 때에는 다양한 색감과 맛이 나는 재료를 선택해 아이가 채소와 과일 등 식재료와 친근해질 수 있도록 유도한다.

이러한 내용들을 참고해 푸드 아트에 사용할 식재료를 준비한다. 다음 페이지에는 내가 좋아하는 '푸드 아트를 위한 재료'를 5가지로 분류해 소개했다.

계획한 대로 미리 장을 봐두었다가 재료 손질을 미리 해두면 더욱 좋다. 준비한 모든 재료를 조리대 위에 한꺼번에 펼쳐놓으면, 만드는 데 걸리는 시간은 그리 길지 않다.

SPREADS
땅콩버터
그릭 요거트
다양한 색의 잼
크림치즈
슬라이스 치즈

DRIED FRUITS
건블루베리
건포도
건살구
건자두(푸룬)
건고지베리(말린 구기자)

FRUITS
레몬
바나나
포도
블루베리
키위
오렌지, 자몽
석류
피잘리스(Physalis, 골든베리 구즈베리)
딸기
체리

VEGETABLES
오이
피망 & 파프리카
방울토마토
올리브
완두콩(콩 또는 껍질째)

NUTS & SEEDS
아몬드(통아몬드 및 슬라이스 · 다진 아몬드)
헤이즐넛
피칸
호두
마카다미아
코코넛(가루 및 얇게 썬 코코넛)
해바라기씨
호박씨
아마씨

푸드 아트를 위한 이다의 도구들! 과일의 갈변을 방지하는 레몬, 푸드 아트를 돋보이게 하는 접시, 푸드 아트의 정교한 표현을 위한 튜브형 소스 용기, 주방용 티슈, 과도와 도마, 푸드 아트를 사진으로 남길 휴대폰, 촬영할 때 접시 밑에 깔아놓고 배경으로 사용하는 요가 매트. 그리고 푸드 아트의 마지막 포인트인 다양한 색의 양말.

푸드 아트를 시작할 때 내 경우에는 빵을 먼저 굽는다. 빵을 미리 구워놓으면 비교적 오랫동안 질감을 유지할 수 있고, 맛도 더 좋다. 또 형태를 유지하기 좋다. 푸드 아트에서 레몬은 꼭 필요하다. 레몬즙을 바나나, 사과, 아보카도 등에 뿌려놓으면 갈변을 방지할 수 있기 때문이다.

이외에도 나는 정교한 표현과 멋진 장식 그리고 맛을 위해 소스를 잘 활용하는 편이다. 그중 그리스식 요구르트인 그릭 요거트는 상당히 걸쭉해서 잘 흘러내리지 않기 때문에 푸드 아트를 만들기에 아주 적합하다. 또 색을 내기에도 용이하다. 분홍색을 낼 때는 딸기잼을 섞고, 보라색을 낼 때는 블루베리잼이나 포도잼을 섞으며, 갈색을 낼 때는 코코아가루를 넣고 섞는다.

푸드 아트를 위해 내가 자주 사용하는 주방용품으로는 도마, 작은 칼이나 과도, 빵칼, 가위 등이 있으며 가끔 모형틀도 사용한다. 이 외에도 표현과 장식을 위해 튜브형 소스 용기를 사용한다. 튜브형 용기가 없다면 일회용 비닐 봉지의 끝부분을 가위로 잘라 사용해도 무방하며, 작은 수저를 이용해도 좋다.

푸드 아트를 만든 후 남은 식재료는 어떻게 할까? 적정량의 재료만 사용하려고 해도 가끔 남는 재료가 생기곤 한다. 그럴 때마다 나는 이렇게 활용한다.

- 주방을 정리하면서 먹는다. 특히 아침 식사 시간, 내가 가장 좋아하는 일이기도 하다.
- 남은 과일은 샐러드를 만들고, 채소는 물을 넣고 끓여 수프를 만든다.
- 빵이 남으면 크루통(Crouton, 바삭하게 튀긴 작은 빵조각)을 만들거나 가루로 빻아둔다.
- 도시락에 넣어가거나 밀폐용기 속에 넣어 냉장고에 보관하면 다음날에 먹을 수 있다.

RED

피망 / 파프리카 / 토마토 / 비트

딸기 / 산딸기 / 체리 / 적포도

석류 / 수박 / 건대추

빨간색의 잼

레드 커런트 / 크랜베리 / 고지베리(구기자)

빨간 사과 / 빨간 자두

레드 오렌지 / 레드 자몽 / 레디쉬

뉴비트 / 루바브 / 적치커리 줄기

GREEN

오이 / 피망 / 아스파라거스

완두콩 / 그린빈 / 셀러리

샐러드용 잎채소 / 녹색 쌈채소

어린잎채소 / 허브

아보카도 / 오이 피클 / 올리브

페스토 소스 / 피스타치오 크림버터

청사과 / 녹색 서양배 / 청포도

멜론 / 라임 / 키위 / 청사과

아티초크 / 파 / 브로콜리 / 청대추

BLACK, BLUE & PURPLE

블랙 올리브 / 블랙 커런트

블루베리 / 건블루베리

블랙베리 / 검은 포도 / 무화과

타페나드(올리브 퓌레) / 잼

김 / 와일드 라이스 또는 흑미

적양파 / 적양배추 / 가지

WHITE

콜리플라워 / 양파 / 마 / 밤

고구마 / 무

그릭 요거트 / 코티지 치즈

슬라이스 치즈 / 크림치즈

화이트 초콜릿 / 코코넛(가루)

바나나 / 참외 / 배

흰밥 / 가래떡 / 국수 / 오트밀

YELLOW & ORANGE

파프리카 / 당근 / 대두 / 병아리콩

귤 / 오렌지 / 황도 복숭아 / 천도 복숭아

노란 자두 / 살구 / 망고 / 레몬

호박 고구마 / 호박 / 단호박 / 옥수수

달걀 노른자 / 오믈렛 / 스크램블

파인애플 / 파파야

노란 방울토마토

체다 치즈 / 꿀 / 파스타 / 쫄면

감말랭이

BROWN

렌틸콩 / 견과류

건포도 / 그래놀라

귀리 / 현미

초콜릿 크림 / 땅콩버터

시나몬 파우더(계핏가루)

코코아 가루

참깨가루 / 들깨가루

빵 / 팬케이크 / 비스킷

버섯

Super Food Basic Recipe

슈퍼푸드 기본 레시피

미국식 귀리 팬케이크

나는 일요일 아침 식사로 팬케이크를 첫손에 꼽는다. 특히 두텁고 부드러운 미국식 팬케이크를 좋아한다. 팬케이크는 맛이 좋을 뿐 아니라 영양가도 있고 포만감도 줄 수 있는 음식이다.

배고픈 2명을 위한 팬케이크 기본 레시피 :

재료 : 코티지 치즈 2/3컵(약 150g), 달걀 2개
중간 크기의 잘 익은 바나나 1개, 오트밀 플레이크 1/4컵
통밀가루 1/4컵, 베이킹 파우더 1작은술, 소금 1/2작은술

**독특한 맛을 내고 싶을 때
반죽에 넣을 재료 :**
• 잘게 썬 레몬 껍질과 아마씨
• 건블루베리와 코코넛 가루
• 시나몬 파우더와 사과잼

1　　넓은 반죽용 그릇에 바나나를 2~3㎝ 간격으로 썰어 넣거나 손으로 으깬 바나나를 넣는다. 코티지 치즈, 달걀을 넣고 부드러워질 때까지 잘 섞어 1차 반죽을 만든다.
나중에 모양을 만들기 위해 튜브로 반죽을 짜낼 생각이라면 믹서나 블렌더를 사용해서 반죽을 만든다. 그렇지 않으면 덩어리가 생겨 튜브 입구가 막힐 수 있다.

2　　1차 반죽에 오트밀, 통밀가루, 베이킹 파우더, 소금을 넣고 섞는다. 이때 반죽이 필요 이상으로 걸쭉해졌다면 우유로 농도를 조절한다.

3　　중간 불에서 프라이팬을 예열한 다음 붓이나 키친타월로 기름을 골고루 바른다. 그런 다음 반죽을 한 국자씩 얇게 펴 팬케이크를 노릇하게 굽는다. 구운 팬케이크를 접시에 담고 신선한 과일을 올린다.

\# 달콤한 맛을 좋아한다면 구운 팬케이크 위에 메이플 시럽, 꿀, 올리고당, 과일잼 등을 곁들인다.
팬케이크와 잘 어울리는 과일은 딸기와 같은 베리류 과일이다.

오트밀

추운 겨울 아침에는 따뜻한 오트밀 한 그릇으로 아침 식사를 대신하는 것도 좋을 것이다. 나는 주로 아이슬란드산 통귀리를 사용해 오트밀을 만든다. 가루 형태의 귀리에 비해 통귀리는 더 많은 영양을 함유하고 있다. 통귀리를 구하기 어렵다면 가루로 만든 귀리 대신 원래의 형태를 조금이나마 유지하고 있는, 입자가 다소 큰 압착 귀리를 구입해도 된다.

오트밀 기본 요리법은 귀리 외에도 다양한 곡물로 여러 가지 죽을 만드는 데 사용할 수 있다. 죽을 끓이기 전에 곡물을 물에 담가 불리는 시간과, 죽을 끓이는 시간은 본문 24쪽을 참조하기 바란다. 오트밀을 만드는 방법에는 여러 가지가 있는데, 주로 귀리를 하룻밤 정도 불린 후 끓이거나 오븐에 넣고 굽는 방법이 있다. 다만 귀리를 끓이거나 오븐에 넣고 구울 때는 요리하기 전 하룻밤 정도 물에 담가 불려야 죽이 잘 퍼진다.

성인 1명이 먹기에 충분한 오트밀 기본 레시피 :

재료 : 물 1컵, 소금 약간, 통귀리 또는 압착 귀리 1/2컵, 우유 또는 두유 1/2컵

1　　간편한 아침 식사를 위한 오트밀 끓이기 : 전날 밤, 물에 소금을 넣고 끓이다가 미리 불린 귀리를 넣고 끓인다. 이렇게 끓인 죽을 뚜껑을 덮어 실온에서 하룻밤 놓아두면, 다음날 아침에 데우기만 하면 된다. 아침에 다시 데울 때는 우유를 조금 넣고 다시 끓인다.

2　　전날 끓여놓지 않고 아침에 바로 만들 경우 : 냄비에 물과 우유, 귀리를 한꺼번에 넣고 끓이면 된다. 만일 물에 불리지 않은 통귀리를 사용할 때는 30~40분쯤 충분히 끓인다.

3　　귀리가 부드러워지고 죽이 걸쭉해지면 불을 끈다. 통귀리가 아닌 압착 귀리를 넣고 끓일 때는 15분 정도 소요된다. 또 오트밀 플레이크나 오트밀 가루 형태는 바로 뜨거운 우유를 붓고 저으면 된다. 추가로 넣을 부재료는 죽이 잘 퍼진 후 불을 끄기 직전에 넣고 섞으면 된다.

다양한 통곡물죽 :

- 보리 : 하룻밤 정도 물에 담가 불린 후 불릴 때
  사용한 물을 버리고 새 물을 붓는다.
  약 30~45분간 끓인다.
- 메밀 : 30분간 물에 담가 불린 후 잘 씻어서
  약 10분간 끓인다.
- 퀴노아(Quinoa) : 물에 잘 씻은 후 새 물을 붓고
  약 20분간 끓인다.

다양한 맛의 오트밀을 위한 추가 재료 :

- 으깬 바나나와 땅콩버터
- 코코넛과 건과일
- 사과와 시나몬 파우더
- 여러 종류의 베리류 과일과 우유

오트밀 재료로 만드는 다른 조리법 :

- 굽기 : 오트밀 기본 재료에
  달걀 1개를 풀어 넣고 모두 섞는다.
  미리 예열한 200도의 오븐에서
  약 40분간 굽는다.

홈메이드 그래놀라

신속하게 영양가 있는 아침 식사를 차려야 할 경우 나는 널찍한 그릇에 홈메이드 그래놀라와 함께 차가운 우유, 베리류 과일을 넣은 한 그릇 음식을 선택한다. 이 한 그릇 음식은 그래놀라만 있으면 개인의 기호에 따라, 지금 부엌에 어떤 재료가 있는지에 따라 다양하게 응용할 수 있다.

　내가 만드는 홈메이드 그래놀라의 기본 재료는 귀리 + 견과류 또는 씨앗류 + 액체 당류(꿀, 시럽, 조청, 올리고당, 물엿 등) + 약간의 식용유(카놀라유)를 조합한 것이다. 보다 건강한 그래놀라를 만들고 싶을 때는 기름 대신 과일 퓌레나 주스로 대체한다.

일주일 분량의 그래놀라 기본 레시피 :

재료 : 압착 귀리(또는 귀리 플레이크) 3컵, 잘게 썬 견과류와 씨 앗류 3/4컵, 건과일 1/4컵
　　　과일 퓌레(또는 사과잼, 으깬 바나나) 1/2컵, 카놀라유 2큰술, 꿀 또는 메이플 시럽 1/4컵

1　미리 오븐을 180도로 예열한다. 넓은 볼에 먼저 마른 재료인 귀리, 잘게 다진 견과류, 씨앗류 등을 넣고 잘 섞는다. 그런 다음 액체 재료인 과일 퓌레, 식용유, 꿀 또는 메이플 시럽을 넣고 잘 섞는다.

2　오븐용 사각틀 위에 유산지 또는 종이호일을 깐다. 종이호일 위에 섞은 재료를 평평하게 펼쳐 담아 미리 예열한 오븐에 넣고 굽는다. 이때 종이호일을 깔고 구우면 재료가 눌어붙지 않는다.

3　20~30분쯤 지나면 꺼내서 재료들이 골고루 구워지도록 몇 번 섞어준다. 이때 오븐에 따라 굽는 시간이 달라질 수 있으므로 재료가 타지 않도록 자주 살펴보는 것이 중요하다. 그래놀라가 노릇노릇하게 구워지면 오븐에서 꺼낸다.

4　구운 그래놀라에 건과일을 넣고 잘 섞어 한김 식힌다. 완성된 그래놀라는 밀폐용기에 담아 서늘한 곳에 보관한다.

여기에 소개한 그래놀라는 그리 달콤하지 않다.
만일 달콤한 그래놀라를 원한다면
당류를 더 첨가하면 된다.
또 씹는 식감을 좋아한다면
굽기 전 반죽에 달걀 흰자를 추가하면 된다.
좋아하는 맛과 식감에 따라 그래놀라는
얼마든지 다양하게 만들 수 있다.
무궁무진한 그래놀라 맛의 향연을 위해
다양한 재료로 시도해보자!

그래놀라에 첨가할 수 있는 다양한 재료 :

과일 퓌레 대신 과일잼이나 찐 단호박, 찐 고구마를
곱게 갈아서 사용해도 좋다. 또 시나몬 파우더를
넣으면 색다른 그래놀라의 맛을 느낄 수 있다.

- 으깬 바나나, 피칸
- 사과잼, 호두, 건포도, 시나몬 파우더
- 블루베리잼, 아몬드, 코코넛, 카다멈
- 딸기잼, 마카다미아, 아마씨, 바닐라
- 땅콩버터, 해바라기씨
- 으깬 단호박, 꿀, 호박씨

귀리 스콘

나는 손도 많이 가지 않고 빨리 만들 수 있는 스콘(Scone)을 좋아한다. 게다가 맛도 좋으니 일석이조가 아닐까! 다음에 소개하는 요리법으로 만들면 저칼로리에 풍부한 영양을 함유한 스콘을 구울 수 있다. 스콘은 여러 가지 형태를 손쉽게 표현할 수 있는 질감을 지니고 있어 푸드 아트의 즐거움을 더한다.

배고픈 1명을 위한 귀리 스콘 기본 레시피 :

재료 : 통밀가루 1/2컵, 압착 귀리 1/2컵, 베이킹 파우더 1.5작은술, 소금 1/2작은술
버터 1.5작은술, 플레인 요구르트 2/3컵, 꿀 1작은술

1   175도로 오븐을 예열한다.

2   넓은 반죽용 그릇에 통밀가루, 귀리, 베이킹파우더, 소금을 넣고 잘 섞는다. 버터는 조금씩 넣으면서 손으로 탄죽을 치댄다. 플레인 요구르트와 꿀을 섞은 후 반죽에 넣는다. 이때 잘게 썬 아몬드나 건과일 등 추가 재료가 있다면 함께 넣는다.

3   반죽을 적당량 덜어 자유롭게 원하는 모양을 만든다.

4   오븐에 넣고 15~20분쯤 노릇하게 스콘이 구워지면 꺼낸다. 구운 스콘은 식힘망 위에 올려놓고 한 김 식힌 후, 크림치즈나 잼과 함께 접시에 담아낸다.

   # 스콘은 구운 당일 먹어야 제맛을 느낄 수 있으므로 하루 먹을 양만 적당히 만드는 게 좋다.

스콘의 다양한 맛을 내고 싶을 때 :
잘게 썬 견과류와 건과일 등
기호에 따라 재료를 첨가한다.
• 잘게 썬 레몬 껍질
• 잘게 썬 건과일과 아몬드
• 딸기와 화이트 초콜릿

견과류 버터

빵에 얹어 먹을 수 있는 음식 중에서 단백질과 뼈에 좋은 불포화지방산, 비타민과 미네랄이 모두 포함된 재료가 있다면 그보다 더 좋은 일은 없을 것이다. 그런 면에서 나는 평소 견과류 버터를 즐겨 먹는다. 견과류 버터를 만들 때는 모든 종류의 견과류를 사용할 수 있지만 땅콩, 아몬드, 캐슈넛 등을 주로 사용한다. 견과류에 포함된 지방이 많으면 많을수록 견과류 버터를 만드는 데 드는 시간은 단축된다.

작은 유리병 분량의 견과류 버터 레시피 :

재료 : 생견과류 3컵, 소금 1/2작은술
기호에 따라 첨가할 수 있는 재료 : 식용유, 설탕, 바닐라, 향신료, 초콜릿

1　바삭바삭하게 구운 견과류를 선호한다면 먼저 175도의 오븐에 견과류를 넣고 약 10분간 구워서 사용하는 것이 좋다. 고소한 냄새와 함께 견과류의 색깔이 짙어지기 시작하면 오븐에서 꺼낸다.

2　구운 견과류, 소금을 믹서에 넣고 버터처럼 걸쭉해질 때까지 돌린다. 이때 만드는 시간은 선호하는 버터의 질감에 따라 5~30분 정도로 얼마든지 달라질 수 있다. 중간에 믹서의 용기 벽면에 붙는 재료를 가끔씩 떼어가며 돌리는 것도 좋다.

\# 시간이 오래 걸려 인내심에 한계를 느낀다면 카놀라유를 조금 첨가하면 시간을 단축할 수 있다.

**견과류 버터의
다양한 맛을 내고 싶을 때 :**
• 바닐라 + 캐슈넛 버터
• 메이플 시럽 + 시나몬 파우더 + 아몬드 버터
• 초콜릿 + 헤이즐넛 버터
• 꿀 + 땅콩버터
• 코코넛 + 피스타치오 버터
• 소금 + 피칸 버터

Fruit and Vegetable

과일과 채소를 위한 푸드 아트 레시피

빨간 딸기 모자를 쓴 소녀

● 재료 : 딸기, 키위, 아몬드 슬라이스, 블루베리, 건자두. 그릭 요거트
● 만드는 시간 : 10분

'빨간 모자와 늑대' 이야기는 빨간 색감의 과일 중에서 가장 예쁜 과일인 딸기로 표현할 수 있다. 딸기의 모양은 어린 소녀의 몸을 표현하기에 적당하다. 여기에 키위와 그릭 요거트를 사용해 귀여운 소녀를 완성해보자. 또 건자두로 나무 뒤에서 소녀를 엿보는 늑대의 표정도 재미있게 만들어보자.

1 딸기는 꼭지를 떼어내고 세로로 반을 잘라 이등분한다. 접시 위에 2등분한 딸기를 위아래로 나란히 배열해 '빨간 모자를 쓴 소녀'의 머리와 몸의 기본 형태를 만든다. 그중 위쪽에 있는 딸기의 가운데를 칼로 동그랗게 도려낸다. 그런 다음 그릭 요거트로 속을 채워 소녀의 얼굴을 만든다. 그릭 요거트 위에 건자두와 딸기 조각으로 앞머리와 눈동자, 입술을 표현한다. 얼굴을 만들기 위해 잘라 둔 딸기 조각은 나중에 소녀의 구두로 표현한다.

2 키위는 껍질을 깎아 세로로 2등분한다. 그런 다음 1㎝ 두께로 슬라이스한다. 슬라이스한 키위는 할머니의 집과 나뭇잎 모양으로 자른다. 남은 키위 슬라이스는 다시 막대 모양으로 썰어 소녀의 팔과 다리, 나무를 만든다. 특히 키위의 중심에 있는 비교적 딱딱한 부분은 나무 밑동을 표현하는 데 사용한다.

3 잘게 썬 아몬드 조각으로 할머니 집으로 향하는 오솔길을 표현하고, 길가의 배경은 딸기 버섯과 블루베리 등으로 장식해도 좋다. 또 할머니 집의 딸기 지붕을 만들고, 건자두와 그릭 요거트를 사용해 나무 뒤의 늑대를 만들자.

망나니 깜장 양

● 재료 : 블랙베리(또는 오디), 키위, 코코넛, 그래놀라, 그릭 요거트(또는 크림치즈)
● 만드는 시간 : 5분

예쁘고 영양가도 풍부한 블랙베리는 주변에서 볼 수 있는 여러 가지 물건과 많이 닮아 있다. 블랙베리는 먹구름을 연상시키기도 하고, 곱슬머리나 양털을 연상시키기도 한다. 나는 블랙베리를 보고 '망나니 깜장 양'을 떠올렸다.

1　블랙베리를 양의 몸처럼 보이도록 접시 위에 하나씩 놓는다.

2　걸쭉한 그릭 요거트를 숟가락으로 떠 양의 얼굴과 다리를 만들고, 블랙베리를 작은 조각으로 떼어 내 얼굴과 발을 표현한다.

3　키위는 슬라이스로 썰어 해를 만들고, 코코넛과 그래놀라 조각으로 잔디밭이나 꽃이 피어 있는 들판을 표현한다.

포도 풍선을 타고 업!

● 재료 : 팬케이크, 잼, 크림치즈, 잘게 썬 아몬드 조각, 거봉, 청포도, 골든베리(또는 노란 방울토마토)
● 만드는 시간 : 10분

디즈니 영화 〈업(UP)〉을 보면 평생 모험을 꿈꾸던 칼 할아버지가 수천 개의 풍선을 매단 집을 비행선으로 삼아 여행을 떠나는 장면이 나온다. 포도를 볼 때마다 풍선을 닮았다고 생각했던 나는 포도알을 이용해 이 영화의 한 장면을 표현했다.

1　　팬케이크를 구워 집 모양으로 자른다. 팬케이크 반죽은 홈메이드 핫케익믹스를 이용하면 된다. 간단하게 우유 식빵을 잘라 집을 만들어도 된다.

2　　팬케이크를 잘라 만든 집에 잼과 크림치즈, 잘게 썬 아몬드를 이용해 장식한다.

3　　거봉, 청포도, 골든베리를 세로로 잘라 이등분한 다음 접시 위에 늘어놓는다. 마치 풍선들이 하늘로 떠오르는 것처럼 표현한다.

공작의 과일 날개

● 재료 : 서양배(또는 망고, 길쭉한 모양의 과일), 거봉, 귤, 석류, 바나나, 크림치즈, 블루베리
● 만드는 시간 : 10분

수컷 공작이 날개를 펼치면 마치 불꽃놀이를 보는 것처럼 화려하다. 자랑스럽게 꽁지 날개를 펴고 왠지 거만한 자세로 걷는 공작을 보면 멋있기도 하지만 조금은 우습기도 하다. 좋아하는 다양한 과일을 이용해 날개 편 공작을 표현해보자.

1　　서양배를 세로로 잘라 이등분한 후 접시 위에 올려 공작의 몸을 만든다. 이때 서양배를 구할 수 없다면 집에 있는 주먹 크기의 다른 과일을 선택해 공작의 몸을 표현해도 좋다.

2　　크림치즈와 블루베리 조각으로 눈을 표현하고, 거봉의 과육을 잘라 공작의 부리와 다리를 표현한다.

3　　좋아하는 다양한 과일로 접시를 채워 활짝 편 공작의 날개를 표현한다. 여기서는 귤과 청포도, 바나나 슬라이스, 석류알을 사용했다. 이때 석류알 대신 건과일로 대체해도 좋다.

펭귄, 자연 속에서 놀기!

● 재료 : 서양배, 귤, 코티지 치즈, 포도, 바나나, 코코넛, 건포도
● 만드는 시간 : 15분

가게에서 과일을 구입할 때 좀 더 주의 깊게 살펴보면 지금까진 눈에 보이지 않았던 새로운 과일들을 발견할 수 있을 것이다. 서양배, 모과, 망고가 펭귄처럼 보이지 않는가? 서양배로 마치 펭귄이 추운 남극의 자연에서 행복하게 지내는 장면을 표현해보자.

1　　펭귄처럼 생긴 서양배를 고른 후 껍질을 조금 깎아내 펭귄의 '배'를 만든다. 그런 다음 서양배 윗부분에 작은 구멍을 뚫어 코티지 치즈를 채워 넣는다. 코티지 치즈의 중앙에는 건포도를 박아 눈을 만든다.

2　　껍질을 벗긴 귤 2쪽을 펭귄의 발로 사용한다.

3　　이제 펭귄의 나라 남극을 표현하자. 펭귄의 주위를 둘러가며 코티지 치즈를 담아두면 남극의 눈처럼 보일 것이다. 포도로 물고기를 만들고, 코코넛 가루를 묻힌 바나나 조각은 눈 더미로 표현한다. 남극의 자연을 더 풍요롭게 만들고 싶다면 자유롭게 재료를 선택해서 표현하면 된다.

무당벌레야, 훨훨 날아 내게로 오렴

● 재료 : 방울토마토, 크림치즈, 올리브, 오이, 완두콩, 피망, 당근
● 만드는 시간 : 10분

손쉽게 만들 수 있으면서 재미있고 보기에도 예쁜 음식을 원한다면, 무당벌레를 주제로 한 이 음식이 제격일 것이다. 완두콩 꽃을 배경으로, 방울토마토와 올리브를 사용해 작고 예쁜 무당벌레를 표현해보자.

1   과자 위에 크림치즈를 바른 후 그 위에 얇게 썬 오이를 얹는다.

2   방울토마토를 이등분한 후 중간에 살짝 칼집을 넣는다. 검은 올리브는 이등분해서 무당벌레의 머리로 이용한다. 남은 올리브는 잘게 썰어 무당벌레의 등 위에 올려 장식한다. 완성된 무당벌레를 과자 위에 올려놓는다.

3   오이와 완두콩, 피망과 당근으로 꽃을 만든다.

비오는 아침의 송시

● 재료 : 블랙베리, 레드 커런트, 사과
● 만드는 시간 : 5분

비 내리는 우중충한 아침에 과일 열매를 충분히 먹는다면 기분이 나아질지도 모른다. 온종일 집안에 갇혀 지루할 때면 음식으로 뭔가를 만들어보자. 비가 내리는 거리로 우산을 들고 나가기 싫다면, 사과로 우산을 만들어도 좋지 않을까?

1   잘 드는 칼로 사과 껍질 위에 금을 긋는다. 이때 나뭇잎 모양이 나올 수 있도록 신경을 쓰자. 칼끝으로 껍질을 살짝 들어 올려 우산살처럼 만든다. 껍질을 깎지 않고 사과살이 드러난 부분에는 갈변이 생기지 않도록 레몬즙을 살짝 뿌린다.

2   접시 맨 위쪽에 블랙베리를 나란히 놓아 먹구름을 만든다.

3   접시 아래쪽에 사과 우산을 놓은 후, 레드 커런트로 빗방울을 만든다.

무지개 색의 음식 먹기

● 재료 : 딸기, 살구(또는 감), 파인애플(또는 바나나), 키위, 블루베리, 포도, 플레인 요구르트
● 만드는 시간 : 15분

무지개를 먹는다는 것, 판타지 같은 어릴 적 꿈이 아닌 지금의 현실에서 가능하다. 무지개가 끝나는 곳에 정말 금은보화가 있는지는 알 수 없지만, 적어도 신선한 맛만큼은 장담할 수 있다. 이 화려한 무지개 음식은 신선한 과일과 그리스식 플레인 요구르트가 잘 어우러진 샐러드이다. 알고 있는 모든 종류의 과일을 무지개 색으로 나열해보자. 빨주노초파남보, 일곱 빛깔로!

1　무지개처럼 반원형으로 나란히 늘어놓을 수 있도록 과일을 잘게 썬다.

2　접시 위에 무지개 색으로 썰어놓은 과일을 나열한다.

3　요구르트를 부어 구름을 만들고 예쁜 무지개를 감상한다.

우리 집에 온 딸기 산타

● 재료 : 딸기, 그릭 요거트, 건포도
● 만드는 시간 : 5분

성탄절 시즌이 다가오면 딸기 산타의 인기가 치솟는다. 나는 이 딸기 산타를 몸에 좋은 건강식품으로 만들어보았다. 디저트로 사용할 경우에는 그릭 요거트 대신 바닐라 설탕을 첨가한 크림으로 대체하기를 권한다. 이 경우 딸기 산타의 눈은 초콜릿 조각으로 표현하는 것이 좋다.

1　　　딸기의 끝부분을 잘라내고, 아랫부분도 평평하게 잘라 딸기가 서 있을 수 있도록 한다. 그런 다음 위쪽의 약 1/3 정도 되는 부분을 자른다.

2　　　걸쭉한 그릭 요거트를 튜브로 짜 넣은 다음 잘라놓았던 모자를 다시 씌운다. 모자 위에는 다시 그릭 요거트를 튜브로 살짝 짜서 모자 술을 만든다.

3　　　건포도를 썰어 산타 눈동자로 사용한다.

웰컴 투 바나나 에어라인!

● 재료 : 바나나, 건포도, 코티지 치즈
● 만드는 시간 : 5분

기술적인 문제를 들어 이 비행기가 이륙하는 것이 불가능하다고 지적할 사람도 있을 것이다. 이 비행기에는 꼬리 날개가 없다! 나는 이 비행기의 가장 큰 문제점이 바로 바나나로 만들어졌다는 것이라고 생각했는데……. 하지만 누구나 실수는 할 수 있는 법!

1____ 바나나를 길게 이등분한다. 이등분을 한 바나나는 2개로 나누어 비행기 날개로 이용한다.

2____ 건포도를 썰어 비행기 창문을 표현한다.

3____ 코티지 치즈나 그릭 요거트로 구름을 만든다. 이제 이륙!

바다 풍경

● 재료 : 오렌지, 골든베리(또는 주황색 방울토마토), 스타프루트(카람볼라), 리치, 블루베리
● 만드는 시간 : 10분

무슨 이유에선지 모르겠지만 나는 항상 열대과일과 바닷속 생물이 비슷하다고 생각했다. 아마도 열대과일 특유의 울퉁불퉁한 껍질과 부드러운 과육, 강렬한 색깔 때문이 아닐까? 스타프루트로 만든 해파리 가족과 리치 열매로 표현한 말미잘을 즐겨보자.

1　　오렌지를 이등분한 후 칼로 껍질을 벗긴다. 이등분한 오렌지 중 하나는 그대로 접시 위에 올리고, 나머지 하나는 조각조각 따로 나누어 접시 위에 올린다. 눈의 흰자위는 오렌지 껍질의 흰 부분을 사용하고, 눈동자는 블루베리로 표현한다.

2　　스타프루트를 얇게 썰어 불가사리를 표현하고, 리치 열매는 이등분해서 말미잘을 표현한다.

3　　골든베리의 껍질을 접어 작은 해파리를 표현하고, 눈동자는 역시 썰어놓은 블루베리를 이용한다.

Super Food Toast

식빵으로 만든 푸드 아트 레시피

Have a
nice day!

빵으로 만든 이다의 자화상

● 재료 : 식빵 한 조각, 체다 치즈, 흰 치즈, 크림치즈, 빨간 피망, 오이, 블루베리
● 만드는 시간 : 15분

빵 한 조각에 치즈와 상상력을 동원해 만든 나의 자화상이다. 오이 농장에 가서 직접 오이를 수확하고 싶은 마음을 엿볼 수 있다. 이제 직접 자화상을 만들어보자. 과연 나는 어떤 음식으로 표현할 수 있을까?

1   빵을 썰어 상체를 대신할 수 있도록 접시 위에 올려두고, 그 위에 크림치즈를 바른다. 나는 가게에서 흔히 파는 일반적인 크림치즈에 올리브 퓌레(타페나드)를 섞어 스웨터 색을 만들었다.

2   체다 치즈를 머리 모양으로 잘라 토스트 또는 빵 상단에 얹는다. 스웨터의 장식인 연필 무늬도 역시 체다 치즈를 사용했다. 얼굴은 흰 치즈와 말린 블루베리, 빨간 피망을 사용해 꾸몄다. 스웨터의 연필 끝 부분은 흰 치즈와 말린 블루베리 조각을 사용해 표현했다.

3   오이 나무를 세우고 치즈 조각으로 불 켜진 전구를 만든다.

사랑새로 사랑의 날을 축하해요!

● 재료 : 식빵 또는 빵조각, 크림치즈, 딸기, 오렌지, 키위, 석류, 블루베리
● 만드는 시간 : 15분

2월 14일 밸런타인데이, 3월 14일 화이트데이 그리고 둘만의 기념일에는 사랑하는 사람에게 특별한 선물을 하자. 연인 간의 사랑을 의미하는 상징물로 알려진 사랑새를 딸기와 빵으로 표현해보자. 두 마리의 사랑새는 각각 하트의 반쪽을 의미한다.

1　　하트형 틀이나 나이프를 사용해 식빵 또는 다른 적당한 빵을 하트 모양으로 잘라낸다. 자른 하트를 이등분하면 두 마리의 사랑새가 된다.

2　　좋아하는 재료를 사용해 빵 위에 바른다. 나는 크림치즈와 허브를 사용했다.

3　　딸기를 세로로 얇게 썰어 사랑새의 날개와 두 마리의 새 사이에 자리한 하트로 사용한다.

4　　부리와 다리는 오렌지를 사용한다. 나뭇가지는 키위로, 나무 열매는 석류알로 표현한다.

푸드 아트로 떠나는 세계여행, 파리 에펠탑

프렌치 토스트 버전

- 재료 : 식빵, 우유, 달걀, 그릭 요거트, 딸기잼, 사과
- 만드는 시간 : 15분

에펠탑은 1889년 세계박람회를 위해 지어졌다. 꼭대기의 안테나까지 합치면 그 높이는 무려 325m 나 된다. 내가 만든 에펠탑은 물론 프렌치 토스트를 사용한 것이다.

1 먼저 A자 모양의 프렌치 토스트를 만들자. 프렌치 토스트 만드는 방법은 간단하다. 식빵을 A자 모 양으로 자르고, 그릇에 달걀 1개와 우유 2큰술을 넣고 섞는다. 기호에 따라 설탕이나 소금을 조금 넣어도 좋다. 달걀과 우유를 섞은 후 식빵을 충분히 담가 적신다. 예열한 프라이팬에서 노릇노릇 해질 때까지 굽는다.

2 다 구운 프렌치 토스트를 접시 위에 올려놓고 그릭 요거트를 사용해 에펠탑의 지그재그 무늬를 표 현한다.

3 탑의 꼭대기에는 사과 조각으로 기를 세운다.

4 딸기잼으로 접시 위에 하트 모양이나 입술 모양을 만들어 장식한다.

푸드 아트로 떠나는 세계여행, 시드니 오페라 하우스

마카다미아 사과 토스트 버전

- 재료 : 식빵, 마카다미아 버터, 사과, 포도, 얇게 썬 코코넛, 파파야
- 만드는 시간 : 10분

시드니의 오페라 하우스는 덴마크의 건축가인 외른 우트존이 설계한 것이다. 오페라 하우스는 1973년에 문을 열었으며, 오페라뿐만 아니라 각종 콘서트와 행사장으로 사용된다. 시드니의 풍경을 더하기 위해 내가 선택한 토스트 위 장식용 사과는 호주산 사과인 그래니 스미스(Granny Smith)이다. 물론 청사과로 대체하면 된다. 또 다른 재료는 뛰어난 맛과 향을 자랑하는 마카다미아이며, 여기서는 마카다미아 버터를 사용했지만 다른 버터나 잼 등으로 대체해도 좋다.

1 식빵 위를 마카다미아 버터 또는 다른 연한 색의 버터, 잼, 스프레드 중 한 가지를 이용해 골고루 바른다.

2 청사과를 얇게 썰어 그림에서 보듯 빵 위에 나란히 얹는다.
요트는 붉은 포도와 얇게 썬 코코넛으로 표현한다.

3 마카다미아 콩을 반으로 썰어 해로 사용하고, 파파야 조각은 햇살로 사용한다. 이때 파파야 대신 당근, 파프리카 등 다른 재료로 대체해도 좋다.

푸드 아트로 떠나는 세계여행, 노르웨이 오슬로 시청

치즈 토스트 버전

● 재료 : 식빵, 슬라이스 치즈, 오이, 귤, 아몬드 슬라이스, 블루베리, 건살구
● 만드는 시간 : 15분

오슬로의 시청 건물은 1950년에 처음 문을 열었다. 노르웨이 사람들은 이 건물을 '브라운 치즈'라는 애칭으로 부른다. 오슬로 시청을 표현하기 위해 빵 위에 얹을 재료로 치즈보다 더 나은 것이 없을 것이다. 나는 노르웨이 특산물인 염소젖 치즈를 사용했는데, 다른 나라에서는 이 치즈를 기이하게 여기는 경우도 있다. '염소젖 치즈?'라고 손을 내젓는 사람들은 일반적으로 잘 먹는 치즈를 선택해 오슬로 시청을 표현하자. 단, 색깔이 다른 2가지를 선택하면 건물과 창문을 구분해서 표현할 수가 있다.

1____ 식빵의 윗부분을 사진처럼 사각형으로 잘라내 오슬로 시청 건물 모양을 만든다. 식빵 위에 건물과 같은 모양으로 잘라낸 치즈를 얹는다.

2____ 다른 색깔의 치즈를 여러 개의 작은 사각형으로 잘라 건물의 창문을 표현한다. 또 치즈를 둥글게 잘라 시계로 사용한다.

3____ 접시 위에 블루베리와 아몬드 슬라이스를 가지런히 놓는다. 오이로 싱그런 나무를 표현하고, 오이 나무를 시청 건물의 양옆에 배치한다. 오슬로 시청 위에는 건살구로 해를 만들어보자.

푸드 아트로 떠나는 세계여행, 런던의 빅벤

오이 샌드위치 버전

- 재료 : 바게트 또는 식빵, 크림치즈, 체다 치즈, 오이, 블랙 올리브, 빨간 피망
- 만드는 시간 : 15분

이 세계여행 접시 위에서는 런던의 상징물이라고 할 수 있는 웨스트민스터 궁전의 시계탑, 빅벤을 만날 수 있다. 영국의 시계, 빅벤은 1959년에 설치되었다. 푸드 아트로 형상화한 빅벤은 오이 샌드위치에서 영감을 얻어 만든 것이다.

1⎯⎯ 바게트나 치아바타 등 길쭉한 모양의 빵을 사용해도 좋고, 식빵을 직사각형 모양으로 썰어도 된다.

2⎯⎯ 크림치즈를 빵 위에 골고루 바른 후 나이프를 이용해 줄무늬를 만든다. 노란 체다 치즈로 사진과 같이 장식한다.

3⎯⎯ 오이를 모양대로 얇게 썰어 시계의 틀을 만들고, 블랙 올리브는 잘게 썰어 시계를 장식한다.

4⎯⎯ 빨간 피망으로는 영국의 빨간 이층버스와 궁전의 호위병을 만들고, 여기에 크림치즈와 블랙 올리브를 이용해 조금 더 세밀하게 표현한다.

안녕, 갈색 젖소

● 재료 : 식빵, 슬라이스 치즈, 블루베리, 포도, 건살구, 방울토마토, 완두콩 껍질 또는 그린빈
● 만드는 시간 : 10분

나는 젖소를 키우는 시골 농가의 장녀로 자랐다. 비록 외양간을 돌보는 일을 그리 내켜하지는 않았지만, 젖소들에게는 큰 애정을 지니고 있다. 색깔이 다른 2장의 슬라이스 치즈의 만남은 생각보다 훨씬 좋다. 직접 한번 시도해보자!

1 사진처럼 뾰족한 귀가 남도록 빵의 윗부분을 잘라낸다.

2 치즈 한 장을 소의 뿔과 귀 모양으로 잘라 빵 위에 얹는다.

3 조금 더 밝은 색깔의 치즈는 나이프나 가위를 사용해 입 주위와 앞머리 술, 눈과 얼굴에 맞는 모양으로 잘라 올린다.

4 붉은 포도알 두 개는 소의 콧구멍으로 사용하고, 또 다른 포도알을 잘라 작은 혀와 귓속을 표현한다. 눈동자는 블루베리를 사용하면 된다. 완두콩 껍질과 방울토마토로 꽃을 만들고, 건살구로는 해를 만든다.

내게서 떠나지 마, 도토리어!

● 재료 : 스콘, 초콜릿 스프레드, 그릭 요거트, 아몬드 슬라이스, 통아몬드, 딸기, 건블루베리 또는 건포도, 건살구
● 만드는 시간 : 15분

스콘의 질감은 푸드 아트를 하기에 적합하다. 그리고 이 다람쥐는 견과류로 만들어졌다고 해도 과언이 아니다. 다람쥐가 제일 좋아하는 음식도 견과류니까. 다람쥐 꼬리에는 얇게 썬 아몬드 슬라이스를 붙여 북슬북슬한 털을 표현하자.

1   스콘을 다람쥐 형태로 만들어야 하는데, 스콘을 반으로 잘라 평평하게 만든다.

2   다람쥐 스콘 위에 초콜릿 스프레드를 골고루 바른다.

3   다람쥐의 배 부분과 입 주위는 그릭 요거트로 하얗게 표현하고, 눈과 귀도 역시 그릭 요거트를 사용해 표현한다. 말린 블루베리나 건포도를 조각내 눈동자를 만든다.

4   얇게 썬 아몬드 슬라이스를 꼬리 위에 하나씩 올린다.

5   다람쥐 아랫부분에 통아몬드를 깔고 다람쥐를 그 윗부분에 배치한 후, 다람쥐의 앞발에 세로로 이등분한 딸기를 쥐어준다. 해는 건살구로 표현한다.

밤비의 팔촌

● 재료 : 스콘, 땅콩버터, 초콜릿 스프레드, 그릭 요거트, 해바라기씨, 바나나, 귤, 건블루베리 또는 건포도, 건자두
● 만드는 시간 : 15분

디즈니 영화에서 밤비로 나오는 사슴은 너무도 착하고 순진하며 예쁜 동물이다. 특히 얼음 위에서 미끄러지는 모습을 보면 더욱 예쁘고 귀엽다는 생각이 든다. 그래서 밤비를 푸드 아트로 표현할 때도 달콤하게 만드는 것이 좋겠다고 생각했다. 내가 사용한 재료는 초콜릿 스프레드와 땅콩버터이다. 보기도 좋고 맛도 있을 것이라 장담한다.

1   스콘을 사슴 모양으로 잘라낸다. 스콘 대신 일반 빵이나 팬케이크를 사용해도 된다. 밤비의 몸 위에 사진처럼 땅콩버터와 초콜릿 스프레드를 골고루 바른다. 흰색 부분은 그릭 요거트를 사용한다.

2   눈을 표현할 때는 바나나, 귤, 말린 블루베리를 사진처럼 둥글게 잘라 사용한다. 해바라기씨는 사슴의 등 무늬를 표현하는 데 제격이다.

3   귤 조각 2개를 사진처럼 맞붙이고, 그 사이에 건블루베리 조각을 끼워 장식하면 나비가 된다.

폴라 북극곰

- 재료 : 폴라빵, 크림치즈, 블랙 올리브, 빨간 피망
- 만드는 시간 : 5분

북극곰이 영어로는 '폴라 베어(Polar Bear)' 라는 데 착안해 나는 북극곰을 만드는 데 스웨덴식 빵인 둥근 폴라빵을 사용했다. 재료가 폴라빵, 크림치즈, 올리브, 피망뿐이라서 아주 손쉽게 만들 수 있다.

1   폴라빵 위에 크림치즈를 골고루 바른다. 크림치즈는 페타 치즈(Feta Cheese)로 대체할 수 있다. 나는 통밀빵을 선택했지만 둥근 형태를 지닌 빵이라면 어떤 종류의 빵이라도 사용 가능하다.

2   블랙 올리브를 얇게 썰어 빵 위에 얹는다. 썰은 올리브의 끝 부분은 검은 코로 사용하고, 중간에 구멍이 뚫린 부분은 눈으로 사용한다. 입과 귀를 표현할 때는 얇게 썰은 올리브를 다시 반으로 잘라 사용한다.

3   피망을 사진처럼 3조각으로 썬 후 북극곰의 스카프로 장식한다.

4   폴라빵을 발 모양으로 잘라 북극곰의 얼굴 양옆에 배치하면 앞발이 된다.

벙어리장갑을 끼고

● 재료 : 스콘, 딸기잼, 그릭 요거트, 자몽, 블루베리
● 만드는 시간 : 10분

노르웨이의 겨울은 참으로 길고 우중충하며 춥다. 그래서 갓 구운 따뜻한 스콘이나 빵, 그리고 김이 모락모락 나는 차 한 잔으로 몸을 덥힐 때 가장 행복하다. 다행히 비타민 C가 풍부한 대부분의 감귤류 과일은 겨울철 과일이며, 추울 때 제맛을 낸다.

1　스콘을 벙어리장갑 모양으로 자른다. 스콘 대신 일반 빵이나 팬케이크를 사용해도 된다.

2　기호에 따라 좋아하는 잼을 벙어리장갑 위에 골고루 바른 후, 그릭 요거트로 장갑 무늬를 표현한다.

3　겨울 모자를 표현할 때는 자몽, 오렌지, 귤 중 원하는 과일을 선택해 얇게 썬 후 이등분을 하면 된다. 모자의 윗부분 술은 블루베리나 건과일로 장식한다.

판다를 위한 아침 식사

● 재료 : 식빵, 크림치즈, 무화과잼 또는 짙은 색의 잼, 건자두, 건블루베리, 셀러리, 오이
● 만드는 시간 : 10분

판다는 실제로 하루에 9~14kg 정도의 대나무를 먹는다. 판다 이야기를 들으니 더 많은 녹색 채소를 먹어야겠다는 생각이 들지 않는가? 이 접시 위의 판다는 대나무 대신 오이와 셀러리로 배를 채운다.

1_____ 빵 위에 크림치즈를 골고루 바른다. 2개의 건자두로 판다의 귀를 표현한다.

2_____ 무화과잼 또는 짙은 색의 잼을 사용해 눈 주변과 입을 장식한다. 눈의 흰자위는 크림치즈를 튜브로 짜서 표현하고, 눈동자는 말린 블루베리를 사용한다.

3_____ 오이를 납작하게 썰어 별 모양으로 자른 다음 접시 위에 장식하고, 셀러리를 얹어 대나무 숲처럼 표현한다.

완두콩 위의 공주

● 재료 : 식빵, 까망베르 치즈, 슬라이스 치즈, 셀러리, 샐러드용 녹색 잎채소, 빨간 피망, 파프리카, 완두콩
● 만드는 시간 : 15분

누구라도 한 번쯤은 뜬 눈으로 이리저리 뒤척이며 밤을 지새운 적이 있을 것이다. 하지만 다음날 누군가가 "공주님!" 하며 아침 식사를 침대까지 들고 온다면 지난밤의 걱정과 우울함은 한순간에 사라져 버릴지도 모른다. 이 싱그러운 빛깔의 완두콩과 신선한 녹색의 잎채소를 보았기 때문이다.

1 까망베르 치즈와 슬라이스 치즈를 길쭉하게 썰어 침대처럼 빵 위에 얹는다. 빵의 윗부분에는 공주가 누울 자리를 조금 남겨둔다.

2 까망베르 치즈를 둥글게 오려내 얼굴을 만들고, 빨간 피망으로는 입술을 만든다. 머리카락과 왕관은 노란 파프리카를 사용하자.

3 잎이 넓은 녹색의 잎채소로 이불을 대신하고, 셀러리는 침대 가장자리의 기둥으로 사용한다. 완두콩 껍질을 세로로 가른 후 접시의 아랫부분에 놓는다.

배트맨의 아침 식사!

● 재료 : 식빵, 초콜릿 스프레드 또는 블루베리잼, 아몬드 슬라이스, 건살구
● 만드는 시간 : 5분

배트맨은 고전적인 영웅에 속한다. 평범한 남자가 평범하지 않은 옷을 입고 정의를 위해 싸우는 배트맨을 모르는 사람은 없을 것이다. 배트맨을 상징하는 특이한 실루엣은 빵을 사용해서도 쉽게 표현할 수 있다. 배트맨 하나로 배가 부르지 않는 사람은 로빈을 추가로 만들어 먹어도 좋을 것이다.

1　　빵의 윗부분을 사진처럼 잘라낸다. 둥근 폴라빵을 사용하면 귀의 곡선을 자연스럽게 살릴 수 있어 좋다.

2　　빵 위에 초콜릿 스프레드나 블루베리잼을 골고루 바른다. 이때 입 주변의 공간은 아무것도 바르지 않고 그대로 놓아둔다. 아몬드 슬라이스로 배트맨의 날렵한 눈을 만들고, 아몬드 조각을 잘라 입을 표현한다.

3　　원한다면 나이프나 가위로 건살구를 잘라 배트맨의 상징인 박쥐 문양을 옆에 배치하면 더욱 그럴싸하다. 건살구 대신 다른 재료로 대체해 만들어도 좋다.

우주선으로 떠나는 달나라 여행

● 재료 : 스콘, 크림치즈, 베이비벨 치즈, 방울토마토, 파프리카, 오이, 자몽
● 만드는 시간 : 5분

푸드 아트로 우주여행을 떠나보자. 맛있는 크림치즈 우주선을 타고, 작고 동그란 베이비벨 치즈 달
과 자몽 태양, 그리고 커피 블랙홀을 향해!

1 우주선 모양의 스콘을 집에서도 쉽게 만들 수 있다. 스콘 반죽으로 삼각형의 우주선 몸체를 만들
고, 삼각형 몸체 옆에 스콘 반죽을 이용해 2개의 작은 날개를 만들어 붙인다. 완성된 우주선 스콘
을 오븐에 넣고 구운 후 식힌 다음, 반으로 잘라 평평한 면이 위로 오도록 접시 위에 담는다.
스콘 대신 일반 식빵을 우주선 모양으로 잘라서 사용해도 된다.

2 크림치즈를 빵 위에 골고루 바르고, 노란 파프리카를 갈쭉하게 썰어 우주선 밑의 불꽃으로 표현한
다. 또 우주선은 방울토마토와 파프리카로 장식하고, 우주선 꼭대기에는 오이를 삼각형으로 썰어
올린다.

3 오이를 껍질째 납작하게 썬 후 별 모양의 틀을 이용해 오이 속을 잘라낸다.
밤하늘처럼 보일 수 있는 어두운 색의 접시를 선택하고 별 모양의 오이를 담는다. 베이비벨 치즈
는 달로 사용하고, 자몽은 썰어 해로 표현하자. 마지막으로 블랙홀은 블랙커피로 표현해보자.

고양이를 사랑하는 모든 이들에게

● 재료 : 식빵, 땅콩버터, 바나나, 채 썬 아몬드 조각, 건포도, 호박씨, 포도, 석류알
● 만드는 시간 : 5분

세상에는 고양이를 사랑하는 사람과 개를 사랑하는 사람으로 나누어져 있다고 흔히들 말한다. 나는 고양이를 더 좋아한다. 그래서 "야옹~"이라고 소리 내는 모든 동물을 위해 고양이를 만들어보았다.

1　　빵의 윗부분을 사진처럼 잘라내 고양이의 귀가 될 수 있도록 만든다. 빵 위에 땅콩버터를 펴 바른다.

2　　바나나를 썰어 빵의 아랫부분에 2개를 나란히 놓고, 채 썬 아몬드 조각으로 양옆을 장식해 고양이 수염처럼 보이게 한다.

3　　건포도 2개를 납작하게 눌러 눈으로 사용하고, 눈동자는 호박씨로 표현한다.

4　　붉은 포도를 삼각형으로 썰어 귀와 코, 혀로 사용한다. 포도를 이등분해서 접시 위에 여기저기 얹은 다음, 포도 윗부분에 4개의 석류알을 가지런히 놓아 고양이 발자국처럼 표현한다.

황혼의 엘크

● 재료 : 식빵, 땅콩버터, 블루베리, 사과, 오렌지, 건포도, 해바라기씨
● 만드는 시간 : 10분

'황혼의 엘크(북미산 큰 사슴으로 '무스' 라고도 함)' 라는 말은 노르웨이인이라면 누구나 한 번쯤 들어
보았을 것이다. 1970년대에는 집집마다 엘크를 주제로 한 그림이 한 개쯤 걸려 있었다고 해도 과언
이 아니다. 내가 엘크를 접시에 올리게 된 계기는 〈노르웨이 방방곡곡〉이라는 텔레비전 프로그램에
서 보았던 엘크 때문이었다. 외로운 빵조각 하나와 사과 뿔로 만든 엘크를 소개한다.

1 엘크의 몸체는 빵을 사용한다. 배 아랫부분을 표현하기 위해 잘라낸 빵조각은 버리지 말고 엘크의
머리로 사용한다. 4개의 다리를 만들기 위해 빵의 아랫부분에 사진처럼 칼집을 넣는다. 엘크의 머
리 부분을 몸통의 옆에 놓은 후, 몸 전체에 땅콩버터를 골고루 펴 바른다.

2 말린 블루베리를 2개로 나누어 엘크의 눈으로 사용한다. 해바라기씨는 콧구멍으로 사용하고, 건
포도는 짤막한 엘크의 꼬리로 사용한다.

3 얇게 썬 사과 조각을 둘로 나눈 후 톱니처럼 가장자리를 잘라낸다. 이 사과 조각은 엘크의 뿔로 사
용한다.

4 키위의 겉 부분을 도려낸 후 나무 모양을 만든다. 마지막으로 블루베리를 사용해 접시 아래쪽을
장식하고, 오렌지와 껍질이 붙어 있는 사과 조각으로 황혼의 태양을 만든다.

여우처럼 신나게

- 재료 : 스콘, 딸기잼, 요구르트, 키위, 블루베리, 건자두
- 만드는 시간 : 5분

여우는 앙큼하고 똑똑하며 앞을 예상하지 못하게 하는 동물이다. 여기에는 착한 여우 한 마리를 옮겨놓았다. 숲 속의 붉은 여우는 스콘과 요구르트, 그리고 딸기잼으로 만들 수 있다.

1 스콘 반죽으로 사진처럼 여우의 머리와 꼬리 형태를 만든 다음 오브에 넣고 굽는다. 다 구운 스콘은 반을 갈라 사용한다. 스콘 대신 일반 빵을 사용해도 된다.

2 빵 위에 딸기잼을 골고루 펴 바른다. 여우 얼굴의 가장자리와 귀, 꼬리 끝부분은 요구르트를 얹어 표현한다. 말린 블루베리나 건포도로 눈을 표현하고, 코를 표현할 때는 작은 서양자두 조각을 사용한다.

3 키위를 나무 모양으로 잘라낸다. 나무의 밑동은 자두를 사용해 표현한다. 마지막으로 숲의 분위기를 내기 위해 블루베리를 접시 아래쪽에 몇 개 놓아둔다.

찰리 브라운 치즈

- 재료 : 식빵, 슬라이스 치즈, 무화과잼 또는 짙은 색의 잼
- 만드는 시간 : 15분

찰리 브라운(Charlie Brown)은 발투스 브룬(Baltus Brun)이라는 이름으로 노르웨이에 알려져 있다. 조금은 우유부단하고, 행운과는 거리가 먼 것처럼 보이는 만화의 주인공이다. 만화를 좋아하는 아이들의 아침 식사나 간식으로 어떨까? 찰리 브라운의 몸체는 다른 만화 주인공을 주제로 할 때 사용해도 된다.

1 찰리 브라운을 만들기 위해서는 약 한 개 반 정도의 빵이 필요하다. 먼저 빵 하나를 놓고 나이프를 사용해 상체를 잘라낸 후, 나머지 빵은 길쭉하게 썰어 팔과 다리로 사용한다. 남은 반 개의 빵조각은 찰리 브라운의 머리와 목으로 활용한다.

2 갈색 염소 치즈는 찰리 브라운의 몸통과 동일한 형태로 잘라 빵 위에 그대로 얹고, 흰 치즈는 얼굴과 목을 덮을 수 있도록 역시 같은 형태로 잘라낸다.

3 무화과잼 또는 다른 짙은 색의 잼을 사용해 찰리 브라운의 스웨터 무늬를 표현한다. 눈, 코, 입도 역시 같은 재료를 사용한다. 앞머리는 흰색 치즈를 사용해 표현한다. 완성된 찰리 브라운을 접시에 담아낸다.

겨울왕국의 엘사

● 재료 : 식빵, 치즈, 멜론, 파인애플, 블랙 올리브, 빨간 피망, 그릭 요거트, 코코넛 가루
● 만드는 시간 : 10분

푸드 아트는 자기 자신에게 정신적 만족감과 휴식을 주는 소위 힐링이 되는 취미이자, 가족에게 깜짝 놀랄 만한 선물과도 같은 식사를 제공한다. 또한 때때로 아이들과 함께하면 창의력과 상상력을 자극하는 재미있는 놀이가 되기도 한다. 겨울왕국의 엘사는 아이와 함께 만들기 적합한 훌륭한 작품의 소재가 된다.

1   식빵과 치즈를 엘사의 얼굴과 목, 손의 형태로 자른다. 식빵 위에 치즈를 올린다. 눈과 눈썹은 블랙 올리브 조각이나 김으로 표현한다. 그릭 요거트를 사용한 눈의 흰자위 위에 블랙 올리브 조각을 올리면 된다. 입술은 빨간 피망으로 표현한다.

2   멜론은 크고 두껍게 한 조각을 슬라이스하고 나머지 몇 조각은 얇게 슬라이스한다. 두껍게 자른 멜론 조각으로 엘사의 드레스 모양을 만든 다음 얇게 자른 나머지 멜론 조각으로는 나풀거리는 드레스의 망사를 표현한다.

3   파인애플을 엘사의 머리 모양으로 자른 다음 얼굴 위에 얹는다. 엘사의 긴 머리 모양을 표현하기 위해 작은 파인애플 조각을 이어 붙일 수도 있다. 마지막으로 튜브형 용기에 담은 그릭 요거트로 추운 겨울왕국의 풍경을 접시 위에 그려 넣는다. 파인애플과 그릭 요거트로 반짝이는 별을 만들고, 코코넛 가루로 쌓인 눈을 표현한다.

Oatmeal and Yogurt

오트밀과 요거트를 위한 푸드 아트 레시피

핑크 돼지

● 재료 : 딸기 요구르트, 딸기, 산딸기, 블루베리
● 만드는 시간 : 1분

어떤 아이디어들은 너무나 간단해서 나도 스스로 놀랄 때가 많다. 이 핑크 돼지도 그중 하나다. 스트레스 많은 날, 울적한 날에 절로 웃음짓게 하는 산뜻한 맛의 딸기 돼지는 어떨까? 평범하고 밋밋한 요구르트에 산딸기 코와 블루베리 눈을 넣어 귀여운 돼지를 만들어보자.

1   딸기 요구르트를 오목한 접시에 담는다. 딸기 요구르트는 플레인 요구르트나 그릭 요거트에 딸기 잼이나 주스를 섞어서 만들어도 좋다.

2   산딸기 2개로 사진처럼 돼지의 코를 만들고, 딸기는 반을 잘라 돼지의 귀를 만든다.

3   블루베리는 눈으로 사용하고, 원한다면 흰색 요구르트를 사용해 눈의 흰자위를 표현해도 좋다. 돼지의 입은 블루베리를 작게 잘라 익살스럽게 표현해도 좋다.

푸드 아트로 떠나는 세계여행, 인도 타지마할

라이스 푸딩 버전

- 재료 : 라이스 푸딩, 망고잼(또는 망고), 계피, 시나몬 파우더
- 만드는 시간 : 15분

라이스 푸딩은 달콤한 흰쌀죽으로 프랑스, 미국 등 서양에서는 꽤나 흔한 대중 음식이다. 라이스 푸딩은 간식이나 디저트, 이유식, 감기에 걸렸을 때 먹는 음식으로 걸쭉한 죽 형태도 있지만 약식과 비슷한 차진 덩어리 형태도 있다. 나는 약간 되직한 죽 버전으로 인도의 타지마할을 표현했다.

무굴제국의 대표적 건축물인 타지마할은 세계 7대 불가사의 중 하나다. 타지마할은 1648년, 무굴제국의 황제였던 샤자한이 그의 세 번째 부인이었던 뭄타즈 마할을 위해 지은 것이다. 여기서는 인도에서 자주 사용하는 식재료인 쌀과 계피 그리고 망고를 이용해 타지마할을 표현했다.

1 유럽에서는 흔하게 가공된 라이스 푸딩을 구입할 수 있지만, 간단하게 집에서 만들 수 있다. 우유, 설탕, 불린 쌀만 있으면 된다.

죽 형태의 라이스 푸딩 : 불린 쌀 1/2컵에 우유 3컵을 붓고 쌀이 푹 무를 때까지 약한 불에서 충분히 끓인다. 마지막에 소금과 설탕(기호에 맞게 조절)으로 간을 한다.

약식 형태의 라이스 푸딩 : 찹쌀밥 1컵에 우유 넉넉한 1/2컵, 소금, 설탕, 푼 달걀 2~3개를 넣고 잘 섞은 다음 오븐용 그릇에 담아 200도의 오븐에서 5분 정도 구우면 된다.

견과류, 건과일, 시나몬 파우더, 생과일 등 좋아하는 재료를 추가로 넣으면 다양한 라이스 푸딩을 만날 수 있다.

2 사진처럼 2개의 탑과 꼭대기 반원형 돔의 형태를 걸쭉한 쌀죽으로 표현한다. 망고잼 또는 망고 과육으로 문과 창문을 만든다. 궁궐 앞의 호수는 망고잼으로 표현하고, 흘러내리지 않도록 그 가장자리를 계피로 막아둔다. 마지막으로 쌀죽 궁궐 위를 시나몬 파우더로 장식한다.

피곤한 판다야, 좋은 아침!

● 재료 : 오트밀(우유, 오트밀용 귀리 플레이크), 블루베리잼, 바나나, 블루베리, 건자두
● 만드는 시간 : 5분

이른 아침, 눈을 뜨자마자 생기발랄하게 하루를 시작하기란 쉽지 않다. 아침잠에서 완전히 깨기 전에는 피곤한 눈망울을 지닌 이들이 적지 않다. 눈 밑에 자리한 묵직하고 어둑어둑한 그림자도 자주 볼 수 있다. 나의 피곤함을 표현한 귀여운 판다 죽을 보면 오히려 이른 아침의 피곤함을 잊고 산뜻한 하루를 시작하게 되지 않을까? 위로와 격려, 미소를 짓게 하는 판다 죽!

1 넓찍한 접시에 귀리 플레이크를 담고 뜨거운 우유를 부어 걸쭉한 오트밀을 만든 다음, 숟가락을 사용해 귀의 형태를 만든다.

2 판다의 얼굴 중앙 부분에 2개의 오목한 구멍을 만들고, 그곳에 블루베리잼을 채워 넣는다. 이것은 판다의 검은색 눈자위가 된다. 바나나 두 조각을 썰어 그 위에 얹고, 바나나 위에는 말린 블루베리를 얹어 판다의 눈동자를 표현한다.

3 건자두로 판다의 코를 만들고, 입은 블루베리잼을 사용해 그린다. 귀 부분에는 초콜릿 스프레드를 펴 바르는 것도 좋다.

배고픈 강아지의 아침 식사

● 재료 : 코티지 치즈, 위타빅스(통곡물 시리얼 블록) 2개, 청포도, 헤이즐넛, 건자두, 해바라기씨, 바나나
● 만드는 시간 : 10분

이 한 그릇 음식에 표현된 강아지는 푸들과 낯선 견종의 결합이라고나 할까? 원한다면 좋아하는 종류의 강아지나 자유롭게 새로운 강아지를 만들어도 좋다.

1 오목한 그릇에 코티지 치즈를 담고, 양옆에는 시리얼 블록을 올려 강아지의 귀를 대신한다.

2 헤이즐넛으로 강아지의 눈을 표현하고 건자두로 코를, 해바라기씨를 늘어놓아 강아지의 입을 만든다.

3 청포도를 반으로 잘라 강아지의 머리에 장식한 리본을 만든다. 마지막으로 바나나를 이용해 앙증맞은 개뼈다귀를 만든다.

성난 사자, 귀엽기만 한걸!

● 재료 : 오트밀, 사과, 건포도
● 만드는 시간 : 5분

어흥~! 나는 매번 무언가 사납고 무시무시한 것을 만들어보려 하지만, 그때마다 내 시도는 귀엽기만 한 무언가로 바뀌어 버린다. 아침상에서 무시무시한 것들과 대면하는 건 썩 좋은 아이디어가 아닐지도 모른다. 하지만 이른 아침의 피곤함과 졸음을 쫓아내기에는 굿 아이디어다! 만일 오트밀을 만들 기회가 있다면 사과와 건포도, 계피를 곁들여 귀여운 사자를 표현해보는 것도 좋을 것이다.

1　　대접에 뜨거운 오트밀을 담고, 기호에 따라 시나몬 파우더를 뿌린다.

2　　얇게 썬 붉은 사과로 오트밀 가장자리를 둘러가며 장식한다. 사자의 코는 삼각형으로 잘라놓은 사과로 표현한다.

3　　눈과 입은 건포도로 표현한다.

코티지 양

● 재료 : 코티지 치즈, 포도, 키위, 귤
● 만드는 시간 : 5분

코티지 치즈를 이용해 재미있는 아침상을 차려보자. 양의 북슬북슬한 털을 코티지 치즈로 표현한 다음 여기에 몇 개의 포도 조각을 올리면 간단히 식사 준비 끝!

1   접시 위에 코티지 치즈를 두 덩어리 듬뿍 올린다. 이때 덩어리의 크기를 달리하면 더욱 좋다. 마치 엄마 양과 아기 양처럼 말이다. 포도를 가로로 이등분해서 양의 머리를 만든다. 양의 눈과 귀, 그리고 네 다리도 포도를 가늘게 썰어 붙여 표현한다.

2   얇게 썬 키위 2조각을 톱니처럼 한쪽만 잘라내 잔디도 표현한다.

3   양의 뒤쪽에 자리한 먼 산은 귤 조각을 올려 표현한다.

다시 시작될 봄의 풍경

● 재료 : 그릭 요거트, 키위, 포도, 석류알, 귀리 플레이크
● 만드는 시간 : 5분

봄이 오기를 희망하고 눈앞에 닥친 봄을 축하하는 마음으로 요구르트 나무와 키위 나뭇잎을 만들어 보자. 그렇다면 회색빛 우중충한 겨울날에도 상쾌함을 느낄 수 있을지 모른다. 걸쭉한 요구르트를 듬뿍 사용하고, 나무 밑동 아래에 귀리를 더욱 많이 올려둔다면 든든한 아침 식사로 손색이 없다.

1____ 튜브에 요구르트를 담은 다음, 접시 위에 요구르트를 짜면서 나무가지를 하나씩 만들어 나무를 완성한다.

2____ 키위를 썰어 푸른 나뭇잎처럼 장식한다. 나뭇가지에 핀 꽃은 석류알로 대신하고, 나무 밑의 흙은 귀리 플레이크를 사용해 표현한다.

3____ 포도를 이등분한 다음, 나란히 접시 위에 올려 작은 새를 만든다. 키위 조각으로 새의 부리와 날개를 만들고 요구르트를 한 방울 떨어뜨려 새의 눈을 만든다.

내 주방에서 자라는 특별한 당근

● 재료 : 플레인 요구르트(또는 그릭 요거트), 파파야, 키위, 시리얼
● 만드는 시간 : 5분

기회가 생긴다면 가끔 친구들을 놀려보는 것도 재미있을 것이다. 집에 놀러온 친구들에게 간식으로 요구르트에 담은 당근을 대접하면 어떨까? 이 앙증맞은 거짓말에 당한 친구들의 반응은 놀람일 수도, 한바탕 웃음일 수도 있을 것이다. 집에 파파야가 없다면 다른 노란색 또는 오렌지색 과일을 이용해도 좋다. 망고나 오렌지를 사용해도 무방하다.

1　　파파야를 당근처럼 삼각형으로 썰어 위쪽에 오목하게 구멍을 낸다.

2　　키위의 껍질을 벗겨내고 씨가 있는 부분을 잘라낸다. 사진처럼 키위를 삼각형으로 썰고 윗부분을 톱니처럼 다시 썬다. 미리 만든 파파야 윗부분의 구멍에 키위를 꽂는다.

3　　남은 파파야와 키위를 잘게 썰어 시리얼과 함께 유리컵에 담고, 그 위에 요구르트를 붓는다. 파파야와 키위로 만든 당근을 요구르트 위에 꽂고 시리얼을 뿌려 장식한다.

진정한 북극곰 오트밀

● 재료 : 오트밀, 코코넛, 바나나, 건자두, 건블루베리(또는 건포도)
● 만드는 시간 : 5분

코코넛 가루를 뿌린 따뜻한 북극곰 오트밀. 이보다 더 쉽게 만들 수 있는 초간단 음식도 없을 것이다. 춥고 어둑한 겨울 아침과 저녁에 제격인 한 그릇 음식이다.

1 뜨거운 오트밀을 그릇에 담고 그 위에 코코넛 가루를 뿌린다.

2 바나나 2조각으로 북극곰의 귀를 만든다.

3 건블루베리나 건포도로 북극곰의 눈을 만들고, 건자두로 코를 표현한다. 북극곰 오트밀은 김이 모락모락 날 때 얼른 먹자!

Fresh Pancake

과일을 곁들인 팬케이크 아트 레시피

조스, 살려줘!

● 재료 : 팬케이크, 블루베리 요구르트, 블루베리, 무화과잼, 아몬드 조각, 바나나, 건블루베리(또는 건포도)
● 만드는 시간 : 10분

이 접시 위의 음식은 1975년 제작된 〈조스(Jaws)〉라는 영화에서 아이디어를 얻은 것이다. 비록 너무 무서워 〈조스〉를 처음부터 끝까지 본 적은 없지만, 내가 만든 조스는 그리 무섭지 않고 맛있어 접시를 끝까지 비울 수 있을 것이다.

1　둥근 팬케이크를 구운 후, 그 위에 블루베리 요구르트를 얹어 골고루 펴 바른다.

2　말린 블루베리 또는 건포도 2개를 이용해 상어의 눈을 만든다. 무화과잼 또는 다른 짙은 색의 잼 등을 사용해 상어의 입을 그리고, 얇게 썬 아몬드 조각으로 상어의 이빨을 표현한다.

3　신선한 블루베리를 접시 위에 늘어놓아 넓은 바다를 표현한다. 또 바나나를 이용해 마치 수영하는 사람처럼 만든 후 블루베리 바다 위에 올린다.

해피 그라운드호그 데이!

● 재료 : 팬케이크, 그릭 요거트, 아몬드 조각, 블루베리, 키위, 포도, 오렌지, 골든베리(또는 노란색 방울토마토)
● 만드는 시간 : 10분

미국과 캐나다에는 재미있는 경축일이 많다. 그라운드호그 데이(Groundhog Day)도 그중의 하나로 매년 2월 2일, 전국적으로 행사가 열린다. 이 날에는 겨울이 얼마나 남았는지 테스트를 한다. 즉, 그라운드호그(다람쥐과 포유류인 북미산 마멋)가 굴에서 나와 자기 그림자를 보지 못한다면 굴을 떠날 것이고, 그건 겨울이 끝난다는 것을 암시한다. 반대로 그라운드호그가 그림자를 보고 다시 자기 굴로 들어가면 아직 겨울이 더 남아 있다는 의미라고 한다.

1 작은 크기로 팬케이크 3장을 굽는다. 이때 반죽을 2가지로 나눠 한쪽에는 미리 코코아 가루를 섞어 짙은 색이 나오도록 한다. 짙은 색의 팬케이크는 어두운 굴로 사용할 것이다. 밝은 색의 팬케이크 1장은 그라운드호그의 얼굴로, 나머지 1장은 콧구멍과 앞발로 사용할 것이다. 이때 얼굴로 사용할 팬케이크에 귀를 표현하면서 굽는 것을 잊지 말자.

2 짙은 색의 팬케이크 1장을 접시에 담아 그라운드호그의 굴로 표현한다. 귀를 표현한 밝은 색의 팬케이크 1장을 그라운드호그의 얼굴로 사용한다. 나머지 팬케이크 1장을 2개의 앞발과 2개의 동그란 콧구멍으로 잘라 만든다.

3 그릭 요거트, 얇게 썬 아몬드 조각, 그리고 블루베리를 이용해 사진처럼 그라운드호그의 얼굴을 표현해보자.

4 키위를 썰어 꽃줄기를, 포도로 튤립을 만들고 골든베리와 오렌지 조각으로 해를 만든다.

무지개 아래에 사는 사탕수수 외뿔고래

● 재료 : 팬케이크, 그릭 요거트, 잼, 건블루베리, 청포도, 포도, 키위, 오렌지, 석류알
● 만드는 시간 : 15분

외뿔고래는 매우 희귀한 동물이다. 고래의 일종으로 외뿔을 지니고 있는데 몸길이가 최대 2.7m라고 한다. 중세시대에는 외뿔고래의 뿔이 유니콘의 외뿔과 동일하다고 생각해 엄청난 가격에 거래되었다고 한다.

1　팬케이크의 반죽을 사진 속의 외뿔고래처럼 모양을 만들면서 굽는다. 지느러미와 뿔은 따로 구워 붙인다.

2　그릭 요거트를 튜브에 담아 고래 등에 점을 찍듯 장식하고, 눈과 입술에 사진과 같이 고래를 표현한다. 말린 블루베리로 눈동자를 만들고, 고래의 코에 잼을 바른 다음 그릭 요거트로 장식한다.

3　석류알, 오렌지, 키위, 청포도, 건블루베리, 포도를 차례로 무지개처럼 접시 위에 올린다. 이때 오렌지, 키위, 포도는 놓기 적당하게 잘라서 사용한다.

골디록과 곰 세 마리

● 재료 : 팬케이크, 망고, 그릭 요거트, 건블루베리, 석류알
● 만드는 시간 : 10분

〈골디록과 곰 세 마리(Goldilocks & Her Gang)〉는 아주 재미있는 동화이다. 노랑머리 소녀 골디록이 세 마리 곰이 살고 있는 집에 몰래 들어갔지만, 곰들은 전혀 화를 내지 않는다. 이 동화의 팬케이크 버전은 매우 만들기 쉽다. 곰이 좋아하는 꿀과 함께 접시에 내면 더 좋다.

1 팬케이크 4장을 굽는다. 노랑머리 소녀 골디록의 얼굴용으로 하나, 그리고 나머지는 세 마리 곰의 얼굴용으로 사용한다. 이때 팬케이크가 제각기 다른 크기면 더욱 좋다.

2 망고를 썰어 소녀의 노랑머리로 사용한다. 석류알로 머리핀 장식을 표현하면 예쁘다.

3 튜브에 담은 그릭 요거트와 말린 블루베리로 눈, 코, 입을 장식한다. 어떤 팬케이크가 가장 맛있는지 맛보는 것도 재미있을 것이다.

세상의 모든 어머니들에게

● 재료 : 팬케이크, 그릭 요거트, 딸기잼, 블루베리, 포도
● 만드는 시간 : 20분

러시아의 마트료시카(Matryoshka) 인형은 출산과 모성을 상징한다. 인형을 열면 그 안에서 작은 인형이 나오고, 또 그 속에서 더 작은 인형이 잇따라 나온다. 이렇게 열고 또 열어도 끝이 보이지 않을 만큼 인형들이 겹겹이 들어 있는 것을 본 적이 있을 것이다. 여기서는 팬케이크로 마트료시카 인형을 재창조했는데, 같은 디자인을 4번 반복했다.

1_____ 팬케이크 4장을 서로 다른 크기의 볼링핀 모양으로 굽는다.

2_____ 구운 팬케이크에 먼저 딸기잼을 발라 망토를 만들고, 그릭 요거트로 얼굴과 앞치마를 만든다. 이때 튜브 용기에 그릭 요거트를 담아 사용하면 표현하기 쉽다.

3_____ 블루베리를 썰어 눈과 앞머리를 만들고, 붉은 포도알을 잘라 입과 앞치마의 장식을 표현한다.

4_____ 인내심을 발휘해 1~3번의 과정을 반복한다.

위대한 흰고래

- 재료 : 팬케이크, 그릭 요거트(또는 크림치즈), 블루베리, 포도
- 만드는 시간 : 5분

허먼 멜빌(Herman Melville)의 《모비 딕(Moby Dick)》이라는 소설을 읽어본 적이 있을 것이다. 소설의 주인공인 이스마엘은 거대한 흰고래를 잡기 위해 평생을 소비하지만 끝내 실패한다. 접시 위의 팬케이크 고래는 하얀 그릭 요거트로 장식했다. 꿀과 함께 담아내면 더욱 좋다.

1 팬케이크를 고래 모양으로 굽는다. 동그랗게 구운 팬케이크를 고래 모양으로 잘라도 좋다.

2 그릭 요거트를 팬케이크 위에 골고루 펴 바른다.

3 적당한 크기의 블루베리를 골라 눈을 만들고, 고래 주변의 바다를 표현한다.

4 붉은 포도알을 잘게 썰어 고래의 입과 바다 위를 나는 갈매기를 표현한다.

당신을 사랑하는 행운의 부엉이

● 재료 : 팬케이크, 그릭 요거트(또는 크림치즈), 아몬드 슬라이스, 블루베리, 키위, 골든베리
● 만드는 시간 : 10분

부엉이를 떠올리면 왠지 너무나 현명하고 신비스럽다는 느낌이 든다. 그래서인지 숲 속의 부엉이는 지혜의 상징으로 여기저기 자주 등장하곤 한다. 여기 얇게 썬 아몬드 털을 지닌 엄마 부엉이와 아기 부엉이가 키위 가지 위에서 쉬고 있다.

1　　팬케이크 6장을 굽는다. 몸통으로 사용할 각각 다른 크기의 팬케이크 2장과 부엉이의 날개로 사용할 4장의 반원형 팬케이크가 필요하다.

2　　부엉이 팬케이크 위에 그릭 요거트를 골고루 펴 바른 후, 얇게 썬 아몬드 슬라이스를 하나씩 올려 날개를 만든다. 또 부엉이의 발을 만들고, 귀와 부리는 아몬드 슬라이스를 잘게 잘라 표현한다. 부엉이의 눈은 블루베리로 표현한다.

3　　키위를 길쭉하게 썰어 나뭇가지로 사용하고, 골든베리에 십자 모양으로 칼집을 넣어 키위 가지 옆에 놓아둔다. 골든베리 대신 다른 과일을 사용해도 된다. 작은 크기의 과일이면 더욱 좋다.

노르웨이의 겨울이 싫은 우울한 기린

● 재료 : 구운 밀전 또는 얇게 구운 감자전, 건블루베리, 청포도, 구기자 열매, 땅콩버터, 그릭 요거트
● 만드는 시간 : 5분

노르웨이의 겨울은 기린들에게는 참으로 낯설게 다가올 것이다. 앞으로 다가올 노르웨이의 추운 겨울을 떠올린다면 기린의 우울한 기분을 짐작하는 것도 어렵지 않다. 여기서는 얇게 구운 전을 돌돌 말아 기린 크레페를 만들었다. 이때 구운 전의 표면에 생기는 노릇노릇 구운 자국은 점박이 기린의 얼굴과 목을 표현하는 데 제격이다. 나는 글루텐 함량이 일반 밀가루보다 적은 스펠트 밀가루를 사용했다.

1　동그랗고 얇게 구운 2장의 전 한쪽 면에 땅콩버터를 골고루 펴 바른다.

2　땅콩버터를 바른 2장 중 1장을 사진과 같이 삼각형으로 접는다. 먼저 땅콩버터를 바른 부분이 보이지 않게 반을 접는다. 그런 다음 양쪽 끝 1/3 부분을 모두 비스듬하게 안쪽으로 다시 접는다. 이때 귀로 사용할 작은 삼각형이 보이도록 접는다.

3　남은 1장으로 기린의 목과 뿔, 나뭇가지를 만든다. 먼저 땅콩버터를 바르지 않은 전의 끝부분을 길쭉하게 잘라 기린의 뿔, 그리고 나뭇가지로 사용한다. 땅콩버터를 바른 부분은 돌돌 말아 기린의 목으로 사용한다.

4　길쭉하게 썬 2개의 뿔을 기린의 머리 위에 놓고 반으로 자른 청포도로 장식한다. 그릭 요거트와 말린 블루베리로 기린의 눈과 코를 표현한다.

5　자른 나뭇가지용 전을 기린 옆에 놓는다. 마지막으로 말린 구기자 열매와 자른 청포도로 나뭇잎과 꽃을 표현한다. 이때 구기자 열매와 포도 대신 원하는 다른 재료를 사용해도 된다.

어린 왕자의 아침 식사

● 재료 : 팬케이크, 블루베리 요구르트, 그릭 요거트, 해바라기씨, 키위, 바나나, 석류, 골든베리, 포도, 검은깨
● 만드는 시간 : 20분

앙투안 드 생떽쥐페리(Antoine de Saint-Exupéry)가 쓴 《어린 왕자》는 전 세계에서 가장 많이 판매된 동화책 중의 하나이다. 이 책은 한 작은 행성에 살고 있는 어린 왕자의 이야기를 다룬 것이다.

1____ 예열한 팬에 팬케이크 반죽을 한 국자 떠 둥근 모양으로 만든 다음 위쪽의 가장자리를 2개의 뾰족한 귀처럼 만든다. 노릇하게 구운 팬케이크 위에 블루베리 요구르트를 골고루 펴 바른다. 그런 다음 해바라기씨를 꽃 모양으로 장식한다.

2____ 키위를 썰어 어린 왕자의 옷을 만들고, 석류알로 리본 타이와 벨트를 만든다. 바나나를 썰어 어린 왕자의 머리와 팔을 만들고, 머리카락은 골든베리로 만든다. 또 검은깨로 눈과 입을 만들고, 포도를 잘게 썰어 신발을 만들어 어린 왕자의 패션을 완성하자.

3____ 골든베리를 반으로 잘라 접시 위 여기저기에 놓아 우주를 표현한다. 그런 다음 튜브에 그릭 요거트를 담아 별 모양을 곳곳에 짠다. 이제 어린 왕자와 함께 새로운 여행을 떠나자!

열기구를 타고 저 하늘 너머로

- 재료 : 팬케이크, 잼, 블루베리, 아몬드, 코티지 치즈(또는 그릭 요거트), 자몽
- 만드는 시간 : 5분

비타민 C가 풍부한 열기구를 타고 저 하늘 너머로 올라가는 상상을 표현해보자. 어쩌면 밀항자가 탈 수도 있으니 조심하자! 숨어있는 토끼의 귀가 열기구 위로 살짝 보이는 표현은 위트가 있다.

1 팬케이크를 네모 모양으로 굽는다. 팬케이크 대신 식빵을 잘라서 사용해도 좋다. 팬케이크에 좋아하는 잼을 골고루 바른 후, 해바라기씨와 포도로 열기구를 장식한다.

2 자몽 또는 오렌지를 모양대로 잘라 풍선을 만들고, 블루베리를 가지런히 놓으면서 열기구를 완성한다.

3 코티지 치즈나 그릭 요거트로 풍성한 구름을 표현하고, 열기구에 숨은 밀항자 토끼의 귀는 아몬드 2알로 표현한다.

인어공주가 된다는 환상

● 재료 : 팬케이크, 그릭 요거트, 딸기, 키위, 블루베리, 건포도(또는 건블루베리), 오렌지, 골든베리
● 만드는 시간 : 20분

나는 어렸을 때 인어공주 아리엘의 붉은 머리카락에서 눈을 떼지 못했다. 잘 익은 딸기는 인어공주의 머리카락을 표현하기에 제격이다. 팬케이크로 인어공주를 만들고 신선한 과일로 화려한 바닷속 풍경을 만들어보자. 완성된 인어공주 팬케이크를 보자마자 당신은 아마도 접시째 들고 물이 가득한 욕조에 몸을 담그고 싶을지도 모른다.

1　　　인어공주의 몸 형태를 염두에 두고 팬케이크를 굽는다. 바로 굽는 것이 어렵다면 둥글게 구운 팬케이크나 식빵을 잘라 인어공주의 몸을 만들어도 좋다.

2　　　인어공주의 상반신에 그릭 요거트를 골고루 바른다. 키위를 모양대로 얇게 썰어 인어공주의 하반신을 만든다. 마치 인어공주의 화려한 비늘을 표현하듯 키위를 켜켜이 올린다.

3　　　골든베리 비키니와 딸기 머리를 만들어 인어공주의 패션을 완성하자. 눈을 표현할 때는 말린 블루베리나 건포도를 잘게 잘라 사용한다.

4　　　이제 화려한 바닷속 풍경을 표현할 차례다. 키위로 해초를 만들고, 불가사리와 가재 세바스찬은 딸기로 만든다. 작은 물고기 플라운더는 오렌지와 블루베리 조각으로 만든다.

백설공주와 일곱 난장이

● 재료 : 팬케이크, 블루베리잼(또는 포도잼), 그릭 요거트, 산딸기, 블루베리, 건자두
● 만드는 시간 : 15분

독이 든 사과를 맛본 후 백설공주는 다른 붉은 과일을 좋아하게 되었다. 그건 바로 산딸기! 그래서 일곱 명의 난장이들도 산딸기 모자를 함께 쓰게 되었다. 백설 공주와 일곱 명의 난장이들을 상상하며 재밌는 음식을 만들어보자!

1　백설공주의 몸 형태를 염두에 두고 팬케이크를 굽는다. 이때 팔에 사용할 팬케이크를 따로 구우면 더욱 좋다. 또 작은 크기의 둥근 모양으로 일곱 난장이가 될 팬케이크 7개를 굽는다.

2　걸쭉한 그릭 요거트를 백설공주의 얼굴과 목, 팔 부분에 골고루 바른다. 백설공주의 드레스는 블루베리잼으로 표현한다. 공주의 머리는 건자두를 잘라 만들고, 눈과 귀, 눈과 눈썹은 말린 블루베리를 잘게 썰어 표현한다.

3　산딸기를 잘게 썰어 필요한 부분에 장식하면서 백설공주의 패션을 완성한다. 입과 헤어 리본, 드레스의 줄무늬 장식, 그리고 손 위의 사과.

4　7개의 미니 팬케이크를 백설공주 옆에 일정한 간격을 두고 배치한다. 난장이 팬케이크의 윗부분에 산딸기를 반으로 잘라 올리면 산딸기 모자처럼 보인다. 난장이들의 수염은 그릭 요거트를 튜브에 담아 짜면서 만든다. 익살스럽게 혹은 진지하게, 귀엽게…… 난장이들의 표정을 재미있게 표현한다.

'아트 토스트'는 세계적으로 유명한 아티스트들의 대표적인 작품들을 맛있는 한 끼 식사로 재탄생시킨 푸드 아트 레시피다. 이러한 아이디어는 유명 화가들의 작품을 일상에서 보다 쉽게 접근하고 싶은 욕망에서 비롯된 것이다. '아트 토스트'는 마치 식빵 한 장이 캔버스가 된 것처럼, 먹을 수 있는 나만의 명화로 리메이크된 말 그대로 '푸드 아트'의 정석이다.

The Art Toast

식빵에 담은 명화 레시피

프리다 칼로의 "자화상"

프리다 칼로(Frida Kahlo, 1907~1954)는 멕시코를 대표하는 세계적인 여류 화가다. 1970년대 페미니스트들의 우상이기도 한 그녀는 멕시코 민중벽화의 거장 디에고 리베라의 영향으로 그림을 그리게 되었다. 어려서는 소아마비에 걸려 장애가 있었고, 18세 나이에 당한 교통사고로 일생 동안 30여 차례의 수술을 받는 등 불운한 사고는 그녀의 관념적인 성격, 삶과 예술 세계에 큰 영향을 주었다. 또한 디에고 리베라와의 결혼 이후 3번의 임신과 유산, 남편의 자유분방하고 문란한 사생활 등은 프리다 칼로에게 또다른 고통을 주었다. 이 시기에 탄생된 그림 〈몇 개의 작은 상처들〉은 그녀의 극심한 심적 고통이 고스란히 담겨져 있다. 그녀의 우상이자 절대적 존재였던 남편 디에고 리베라에 대한 배신감, 분노 등은 그녀의 작품 전반에 걸쳐 많은 영향을 주었다.

파블로 피카소, 바실리 칸딘스키, 마르셀 뒤샹 등으로부터 초현실주의 화가로 인정받았으나 자신의 그림은 유럽의 모더니즘이 아닌 멕시코에 뿌리를 둔 것이라고 밝혔다. 매우 불행한 삶을 보낸 프리다 칼로의 작품 〈헨리포드 병원〉, 〈나의 탄생〉, 〈프리다와 유산〉은 아이를 낳을 수 없는 현실을 표현했다. 또 그녀의 여사제와 같은 화려한 패션 스타일은 남성에 억압된 여성의 전통적 관습을 거부한다는 표현이었다. 프리다 칼로의 작품에는 자화상이 많다. 그것은 그녀의 신체적, 심리적 고통을 이겨내려는 내면의 심리 상태를 표현하고자 했기 때문이다.

● 재료 : 식빵, 흰색 슬라이스 치즈, 블랙 올리브, 배, 키위, 딸기, 오렌지, 그릭 요거트
● 만드는 시간 : 45분

식빵 위에 표현한 푸드 아트는 프리다 칼로가 1940년에 완성한 〈자화상〉이다. 나는 그녀의 얼굴을 흰색의 슬라이스 치즈로 표현했으며, 얼굴 표정은 블랙 올리브, 딸기, 그릭 요거트로 표현했다. 여사제와 같은 패션 스타일을 살리고자 배, 딸기, 블랙 올리브, 오렌지로 다소 화려하게 표현했고, 배경의 숲은 키위를 사용했다.

빈센트 반 고흐의 "해바라기"

빈센트 반 고흐(Vincent van Gogh, 1853~1890)는 네덜란드 출신의 화가이며, 후기 인상주의를 대표하는 세계적인 아티스트다. 그는 빛과 강렬하고 열정적인 색채로 자신만의 작품을 확립했다. 그러나 아쉽게도 고흐의 그림은 생전에는 인정받지 못했다. 1903년 유작전 이후 세상에 알려지게 되었고, 20세기 초 야수파 화가들의 큰 지표가 되었다.

고흐는 예술촌을 만들려고 했는데, 1888년 고갱과 함께 작업하고자 프랑스 파리에서 아름다운 남부 도시 아를(Arles)로 거처를 옮긴 적이 있다. 작은 집을 빌려 노란색 페인트로 벽을 칠한 후 해바라기 꽃을 그린 그림을 장식했다. 이 작품은 반 고흐에게 '태양의 화가'라는 호칭을 안겨준 중요한 작품이 되었다. 꽃의 섬세함을 표현했지만 자신이 본 것을 그대로 재현하기보다는 빛과 색채를 통한 감각적인 표현과 마치 이글거리는 태양처럼 뜨겁고 격정적인 자신의 감정을 나타냈다. 고갱에 대한 환영의 의미로 그린 〈해바라기〉 그림은 완성되고 몇 달이 지난 후 고갱과의 불화로 자신의 귀를 자르며 정신발작의 멍에를 짊어지게 된 작품이기도 하다.

나는 고흐의 〈해바라기〉 연작 가운데 네 번째 해바라기 작품을 푸드 아트로 표현하고 싶었다. 〈해바라기〉에서 고흐가 사용한 노랑은 희망을 의미하며, 당시 고갱에 대해 그가 느꼈던 기쁨과 설렘이 드러나는 색이다. 나는 이러한 느낌을 표현하기 위해 노란색의 잼과 흰색의 그릭 요거트를 선택했다.

● 재료 : 식빵, 패션프루트잼, 그릭 요거트, 무화과 열매, 건살구, 건포도
● 만드는 시간 : 30분

식빵 위에 표현한 푸드 아트는 고흐의 작품 중 네 번째 〈해바라기〉다. 나는 해바라기를 건살구와 건포도로 표현했으며, 꽃병은 무화과로 만들었다. 전체 배경 중 흰색은 그릭 요거트로, 노란색은 열대과일인 패션프루트잼으로 표현했다. 패션프루트잼 대신 노란색의 다른 과일잼으로 사용해도 된다.

앤디 워홀의 "바나나 커버"

앤디 워홀(Andy Warhol, 1928~1987)은 미국 팝 아트(Pop Art)의 선구자이자 포스트모던 미술에 영향을 끼친 20세기 가장 영향력 있는 미술가로 평가된다. 특히 만화, 배우 등 대중적 이미지를 실크스크린 기법을 구사해 반복하는 반회화, 반예술적 영화를 제작했다. 날카로운 통찰력과 냉정한 관찰력을 가진 워홀은 자신의 예술을 '세상의 거울'이라고 말하기도 했다.

이민자의 아들로 태어난 앤디 워홀은 피츠버그 카네기 공과대학에서 산업디자인을 전공했다. 졸업 후 뉴욕에 정착하면서 잡지 삽화, 광고 제작 등 상업 미술가로 큰 성공을 거두었다. 1960년에는 뽀빠이, 배트맨, 딕 트레이시, 슈퍼맨 등 연재만화의 인물을 실험적인 회화 작품으로 제작했지만, 당시 뉴욕의 화상(畵商)들로부터 외면당했다. 그러나 1962년 뉴욕 시드니 재니스 갤러리에서 열린 '새로운 사실주의자들(New Realists)' 전시에 참여해 주목을 받았다. 특히 워홀의 첫 개인전에 전시된 캠벨 수프 깡통 37점은 미국의 넘쳐나는 대량생산에 대한 논평이었다. 이후 과열된 미술시장을 비꼰 달러 지폐, 겉만 요란하게 포장된 천박함을 나타낸 마릴린 먼로 등 수많은 워홀의 작품에서 나타난 미국 사회의 상업주의와 소비주의에 대한 논평과 비평은 오히려 반복되는 제작 패턴으로 인해 사람들의 머릿속에 그 이미지만 쉽게 각인되었다. 아이러니하게도 워홀은 대량생산의 특징을 받아들여, 기계를 이용한 실크스크린 기법으로 많은 작품을 생산했다. 그것은 그의 스튜디오인 '팩토리(The Factory)'에서 조수들과 함께 대량 생산되었다. 이외에도 워홀은 280여 편의 영화를 제작하기도 했으며, 잡지 〈인터뷰〉를 창간하기도 했다. 1970년대부터는 다시 사교계, 정치계 인물의 초상화를 그렸다. 나는 그의 작품 중 마릴린 먼로와 노르웨이 국왕의 비(妃) 소냐(Sonja)를 그린 초상화가 가장 기억에 남는다. 내 접시 위에 담긴 그의 작품은 벨벳 언더그라운드와 니코(The Velvet Underground & Nico) 밴드의 앨범 커버이다. 이 바나나 커버는 후에 팝 아트계의 상징이 되었다고 해도 과언이 아니며, 수많은 거리 예술가들에 의해 재창조되기도 했다.

● 재료 : 식빵, 바나나
● 만드는 시간 : 1분

피트 몬드리안의 "빨강, 노랑, 파랑의 구성"

피트 몬드리안(Piet Mondrian, 1872~1944)은 네덜란드 출신의 화가로 칸딘스키와 더불어 추상회화의 선구자이다. 그는 '데 스테일' 운동을 이끌었으며, 신조형주의(Neo-Plasticism)라는 양식을 추구했다. 몬드리안의 기하학적인 추상은 20세기 미술, 건축, 패션 등 예술 전반에 걸쳐 큰 영향을 주었다.

원래 초등학교 교장인 아버지의 이름을 물려받아 피터르 코르넬리스 몬드리안이었으나, 파리에 정착한 후 스스로 피트 몬드리안으로 개명했다. 몬드리안은 초기 작품에서 자연주의, 상징주의, 인상주의, 후기인상주의, 점묘화법, 야수파, 표현주의 등 미술의 다양한 양식을 시도했고, 네덜란드에서 활동하면서 추상주의로 전향해 선과 색의 단순화를 추구했다. 그는 스스로 기하학적이며 추상적인 회화를 추구하는 자신의 시각을 '신조형주의'라고 불렀다. 수직선은 생기를, 수평선은 평온함을 나타내는 것으로, 두 선이 적절한 각도에서 교차하면 역동적인 평온함에 도달할 수 있다고 믿었다.

몬드리안의 회화는 수학적 원리를 바탕으로 한다. 직각으로 교차되는 선과 흰색, 검은색, 회색의 무채색에 대립되는 빨강, 파랑, 노랑의 3원색을 농도와 명도가 일정하도록 채색했다. 1921년 몬드리안은 절정기에 이른 그의 예술 세계를 잘 보여준 〈구성〉이라는 연작을 발표했다. 이후 뉴욕에서 특유의 검은 선들을 3원색의 띠 형태로 대체시킨 〈뉴욕시티〉 연작을 선보였다. 또 〈브로드웨이 부기우기〉에서는 노란색 띠에 작은 색면들을 스타카토 식으로 표현했다. 이렇듯 표현양식은 변화했지만 선과 색의 다양한 변주를 보여준 몬드리안은 마지막 순간까지 순수 추상의 원칙을 완벽하게 지켰다.

● 재료 : 식빵, 흰색 슬라이스 치즈, 빨간 피망, 노란 파프리카, 블루베리
● 만드는 시간 : 10분

식빵 위에 표현한 푸드 아트는 몬드리안의 작품 〈빨강, 노랑, 파랑의 구성〉 연작 중 하나이다. 나는 치즈와 파망, 파프리카, 블루베리로 대비되는 색을 표현했지만 다양한 색의 잼을 이용해도 좋을 것 같다!

마크 로스코의 "주황 위에 노랑과 빨강"

죽기 전 꼭 봐야 할 그림에 선정되기도 한 마크 로스코(Mark Rothko, 1903~1970)는 러시아 출신의 전설적인 미국(유럽에서 나치의 영향력이 커지자 1938년 미국 시민권을 얻었고, 1940년에 마르쿠스 로스코비츠에서 마크 로스코로 개명했다) 화가이다.

"나는 추상주의에 속하는 화가가 아니다. 나는 색채나 형태에는 관심이 없다. 나는 비극, 아이러니, 관능성, 운명 같은 인간의 근본적인 감정을 표현하는 데에만 관심이 있다. 내 그림 앞에서 우는 사람은 내가 그것을 그릴 때 가진 것과 똑같은 종교적 경험을 하고 있는 것이다."

마크 로스코의 말처럼 그는 일반적으로 작품을 보는 전시 개념에서 벗어나 그림과 관람자 간의 완전한 만남의 체험을 추구했다. 작품과 마주하는 사람들이 자신의 근원적 감정을 만나기를 진정 원했기 때문이다. 그런 이유로 마크 로스코는 관객이 그의 그림을 최대한 가까이서 음미하길 바랐다.

모호한 색의 경계, 수없이 덧칠한 붓자국은 단순함과 복잡함, 밝음과 어두움 어느 하나에 치우치지 않고 캔버스 위에 완벽하게 투영했다. '색면 추상'이라는 추상표현주의의 선구자인 그의 작품들은 거의 대부분 커다란 단색의 평면 위에 직사각형들이 수직으로 배열되어 있는 구도를 보인다. 그의 말기 작품에서는 단 하나의 수평선으로 화면이 양분되는 등 구성이 더욱 단조로워지고 무거움과 우울함이 짙게 드리워져 있다. 결국 그는 뉴욕에 있는 자신의 작업실에서 자살로 생을 마감했는데, 그의 곁에는 마지막 작품 강렬한 〈레드〉가 있었다.

● 재료 : 식빵, 오렌지 마말레이드, 체리잼, 패션프루트잼
● 만드는 시간 : 5분

나는 그의 작품 중 1954년에 제작된 〈주황 위에 노랑, 빨강〉을 여러 가지 색의 잼을 사용해 푸드 아트로 표현했다.

파블로 피카소의 "팔꿈치를 기댄 마리 테레즈"

파블로 피카소(Pablo Picasso, 1881~1973)는 스페인 태생으로 프랑스에서 활동한 입체파 화가이다. 그는 조르주 브라크(Georges Braque)와 함께 큐비즘(Cubism, 피카소와 브라크에 의해 주창된 20세기 가장 중요한 예술운동의 하나로 르네상스 이래 지속된 사실주의적 전통에서 해방시킨 회화 혁명)을 대표하는 예술가로 알려져 있다. 그는 생전에 약 2만 점의 작품을 제작하는 등 엄청난 활동력을 과시하기도 했고, 6·25전쟁을 주제로 한 〈한국에서의 학살〉, 〈전쟁과 평화〉 등의 대작을 제작하기도 했다.

피카소는 말을 배우기 시작할 무렵부터 그림을 그렸다고 한다. 초급학교에서는 읽기와 쓰기를 어려워했고 졸업이 어려울 정도로 학습능력이 미흡했지만, 그림에는 매우 뛰어난 재능을 지니고 있었다. 미술학교에 입학해 본격적인 미술공부를 했지만 매번 학교 규칙과 생활에 적응하지 못해 그만두어야만 했다고 한다. 프랑스 미술에 영향을 받아 파리로 이주한 후 르누아르, 툴루즈, 뭉크, 고갱, 고흐 등 거장들의 영향을 받았다. 그러나 피카소는 세계적인 도시 파리의 화려함 이면에 가려진 비참한 생활상에 주목해 거지와 가난한 가족 등을 청색이 주조를 이루는 그림으로 그렸다. 이때를 피카소의 '청색시대'라고 부른다. 그가 연애를 하면서부터 그림의 색조가 청색에서 장밋빛으로 바뀌었고, 작풍은 밝아지기 시작했다. 이후 그의 그림은 점점 단순화되고, 1907년의 그의 대표작인 〈아비뇽의 처녀들〉에 이르러서는 아프리카 흑인 조각의 영향이 많이 나타났다. 조르쥬 브라크와 알게 되면서부터는 입체주의 미술 양식을 창안했고, 결국 그는 20세기 최고의 거장이 되었다.

● 재료 : 식빵, 흰색 슬라이스 치즈, 크림치즈, 노란 파프리카, 토마토, 블루베리
● 만드는 시간 : 30분

내가 만든 푸드 아트는 〈팔꿈치를 기댄 마리 테레즈〉이다. 피카소는 초현실주의 기법을 사용해 수많은 여인들의 그림을 그렸다. 치즈와 노란 파프리카로 작품을 만들어보니 더욱 초현실적으로 보이지 않는가!

르네 마그리트의 "인간의 아들"

르네 마그리트(René Magritte, 1898~1967)는 벨기에 출신의 초현실주의 화가이다. 마그리트는 종종 그림 안에 또 다른 그림을 그려 넣거나 사물의 이름이나 기호를 포함시키기도 했다. 논리를 뒤집는 발상과 상식에 대한 도전은 친숙하고 일상적인 사물을 예기치 않은 공간에 나란히 두거나 크기를 왜곡시키고 일반적인 논리를 뒤집은 이미지로 표현되었다. 특히 유머러스하고 기발한 상상력이 돋보이는 그의 작품은 보는 이로 하여금 사고의 일탈을 유도한다.

벽지 디자인과 패션 광고 분야에서 경력을 쌓은 마그리트는 초기에는 입체주의와 미래주의의 영향을 받았고, 1926년부터 1930년까지 파리에 체류하면서 앙드레 브르통, 살바도르 달리, 후앙 미로, 시인 폴 엘뤼아르 등과 친교를 맺으며 초현실주의운동에 참여했다. 그러나 초현실주의자들의 '꿈의 세계'에 대한 편집광적인 탐구보다는 이탈리아의 형이상학적 화가 조르조 데 키리코의 회화에 이끌려 자신만의 독자적인 초현실주의라 할 수 있는 시적 이미지를 창조해나갔다. 마침내 마그리트는 야수파를 뜻하는 '포비즘'이라는 단어의 패러디로 암소를 의미하는 '바슈(Vache)'라는 용어를 만들어 스스로 '바슈' 시대라 지칭했다. 이후 밝지만 아주 현란하고, 공격적이면서 쾌락적인 작품들을 다수 선보였다. 그러나 이러한 작품 스타일은 오래 지속되지 않았고, 기묘한 자신의 본래 양식으로 돌아가 죽을 때까지 이 방식을 고수했다.

● 재료 : 식빵, 흰색 슬라이스 치즈, 크림치즈, 무화과잼(또는 짙은 색의 잼), 청사과, 홍사과
● 만드는 시간 : 20분

나는 마그리트의 〈인간의 아들〉에서 영감을 받아 식빵 위에 푸드 아트로 표현했다. 녹색 사과로 얼굴을 대신한 한 남자의 모습을 그린 마그리트의 이 작품은 인간의 내면에는 과연 무엇이 자리하고 있는지에 대한 궁금증을 표현하고 있다. 먼저 치즈를 사람의 얼굴 모양으로 잘라 식빵 위에 올리고, 짙은 색의 잼과 크림치즈로 옷과 모자를 만들었다. 그리고 청사과와 홍사과로 마무리했다. 결국 사과 뒤에 자리하고 있는 건 치즈뿐이다!

에드바르 뭉크의 "절규"

에드바르 뭉크(Edvard Munch, 1863~1944)는 노르웨이 출신의 표현주의 화가이자 판화 작가이다. 그는 초기 표현주의를 대표하는 예술가이며, 생전에 약 60점의 작품을 남겼다. 그리고 뭉크는 1890년대에 독일에서 되살아난 그래픽 아트의 영향을 받아 1894년에는 판화를 제작하기도 했다. 에칭, 석판화, 목판화를 다룸으로써 가장 중요한 현대 판화가의 한 사람이 되었다. 그의 판화는 단순하고 솔직한 형상으로 잘 알려져 있으며, 1908년까지 독일에 머물면서 이 기간 동안 독일 표현주의 미술에 결정적인 영향을 미치게 되었다.

뭉크는 〈생의 프리즈 : 삶, 사랑, 죽음에 관한 시〉 연작을 통해 고독, 불안, 공포감을 깊게 파고든 인간 내면의 심리를 표현했다. 그 가운데 대표적인 작품이 바로 〈절규〉이다. 〈절규〉는 그의 작품 중 세상에 가장 널리 알려진 작품으로 훗날 많은 예술가들에게 영향을 미치고 모티브를 제공했다. 영감을 받은 사람 중 한 명인 나 또한 뭉크의 〈절규〉를 식빵 위에 표현해보았다.

● 재료 : 식빵, 흰색 슬라이스 치즈, 크림치즈, 셀러리, 초록 피망, 빨간 피망, 노란 파프리카, 블랙 올리브
● 만드는 시간 : 30분

식빵 위에 표현한 푸드 아트는 뭉크의 걸작 〈절규〉다. 나는 크림치즈와 셀러리, 피망으로 뭉크의 명작을 재창조했다. 먼저 흰색의 크림치즈를 식빵 위에 골고루 펴 바른다. 치즈를 잘라 얼굴과 손을 만들고, 블랙 올리브를 작게 잘라 사진과 같이 절규하는 인간의 표정을 표현한다. 또 사진을 참고해 셀러리, 다양한 색의 피망과 파프리카, 블랙 올리브를 잘라 크림치즈 위에 배치한다.

에드바르 뭉크의 "마돈나"

뭉크는 어린 시절부터 경험한 그를 짓누르는 질병, 광기, 죽음의 형상들을 왜곡된 형태와 격렬한 색채로 표현했다. 그의 가혹한 운명의 시작은 뭉크의 나이 5세 때다. 어머니의 죽음, 그로부터 9년 후에는 누나의 죽음이 이어졌다. 모두 결핵으로 세상을 떠났다. 또 여동생은 우울증 치료를 받아야 했고, 엄격한 기독교 신자인 아버지 역시 우울증을 겪다가 세상을 떠났다. 6년 후 남동생도 서른 살의 나이로 사망했고, 병약한 체질의 뭉크 역시 질병이 늘 따라다녔다. 그의 잦은 병치레는 결국 뭉크를 화가의 길로 들어서게 했다. 처음에는 왕립 미술공예학교에 입학해 노르웨이의 자연주의 화가 크리스티안 크로그(Christian Krohg)의 문하에서 프랑스 인상주의를 배웠다. 그리고 이후 한스 예거(Hans Jæger)에게서 영감을 받아 어둡고 고뇌에 찬 자신의 삶과 심리, 그리고 사랑과 죽음에 대한 견해를 작품에 반영했다. 이후 프랑스 파리, 독일, 이탈리아를 여행하면서 인상주의와 상징주의의 영향을 받았고, 고흐와 고갱의 작품으로 인해 그림의 목적이 자신의 내면을 돌아보고, 두려움을 극복할 수 있는 수단이 될 수 있음을 인지하게 되었다.

이번에 나는 뭉크의 또다른 대표작인 〈마돈나〉를 푸드 아트로 표현했다. 이 작품은 〈마돈나〉 또는 〈사랑하는 여인〉이라는 이름으로 알려져 있다. 이 작품 속의 여인은 예수의 어머니인 마리아로 해석되기도 하고, 팜므파탈의 치명적인 여인 또는 흡혈구'로 해석되기도 한다.

● 재료 : 식빵, 흰색 슬라이스 치즈, 크림치즈, 오이(짙은 색의 껍질), 빨간 피망, 블랙 올리브, 검은깨
● 만드는 시간 : 30분

식빵 위에 표현한 푸드 아트는 뭉크의 〈마돈나〉다. 나는 이 작품을 매혹적인 치즈와 오이, 그리고 올리브로 표현했다. 먼저 식빵 위에 크림치즈를 거칠게 바른다. 가위로 슬라이스 치즈를 잘라 사진과 같이 성숙한 여자의 몸으로 만든다. 그런 다음 검은깨와 블랙 올리브로 세밀하게 표현하면 된다. 마지막에 짙은 색의 오이 껍질을 잘라 머리카락을 표현하고 빨간 피망을 잘라 머리 위에 놓는다.

에드바르 뭉크의 "다리 위의 소녀들"

뭉크는 누나의 죽음을 주제로 한 작품을 완성하게 되는데, 그것이 바로 〈병든 아이〉다. 이 작품에 대해 비평가들은 거칠고 암울한 묘사에 경악했지만, 뭉크는 이 그림이 자신의 작품 중에서 가장 훌륭하다고 자평했다. 뭉크는 평소 조울증과 알코올 중독을 겪었고, 1908년에는 신경쇠약에 걸려 입원해야만 했다. 이후 건강이 회복되면서 그림의 색채가 밝아지고 작품 양식이 변화하기 시작했다. 그리고 1909년 3월 오슬로에서 열린 뭉크 개인전이 큰 성공을 거두면서 자신의 고국에서 인정을 받게 되었다. 그 후 뭉크는 자신의 거처를 노르웨이로 정하고, 1910년부터 1916년까지 오슬로 대학 강당의 벽화 작업에 몰두했다. 그리고 그는 오슬로 근교 에켈리에 은거한 채 작품 활동을 계속했다.

1933년 뭉크의 나이 70세 생일에 노르웨이 정부로부터 성 올라브 대십자 훈장을 받았으며, 이듬해에 프랑스 정부로부터 레종 도뇌르 훈장도 받았다. 그러나 1937년 독일의 나치 정부는 뭉크의 그림이 퇴폐적이라는 이유로 독일 미술관에 있는 그의 작품 82점을 압수했다. 말년에 뭉크는 그의 시력을 거의 다 잃었으며, 그의 80번째 생일이 지나고 몇 달 뒤 에켈리의 집에서 홀로 죽음을 맞았다. 뭉크는 유언을 통해 자신의 작품을 오슬로시에 기증했고, 그의 작품은 1963년 '뭉크 탄생 100주년'을 기념해 개관한 뭉크 미술관에서 비로소 세상에 빛을 보게 되었다.

● 재료 : 식빵, 흰색 슬라이스 치즈, 갈색 슬라이스 치즈, 빨간 피망, 노란 파프리카, 블랙 올리브, 오이
● 만드는 시간 : 40분

에드바르 뭉크의 또 다른 작품 〈다리 위의 소녀들〉은 1901년에 탄생했다. 배경은 노르웨이 베스트폴(Vestfold)의 오스고르 해변이고, 뭉크는 그림을 제작하기 2년 전 그곳에 집을 구입하기도 했다. 나는 다리 위의 신비스런 소녀들을 치즈 원피스와 피망 모자로 표현했다. 노르웨이의 특산물인 갈색 염소 치즈로 다리를 만들었고, 마치 다리 위에 소녀들이 서 있는 것처럼 표현했다. 멀리 보이는 농가는 흰색 치즈와 블랙 올리브를 잘라 만들었다.

앙리 마티스의 "이카루스"

앙리 마티스(Henri Matisse, 1869~1954)는 20세기 회화의 일대 혁명이었던 야수파(포비즘) 운동을 주도한 프랑스 출신의 화가이다. 특히 선명한 원색의 대담하면서도 유연한 병렬(竝列)을 강조한 강렬한 표현법으로 유명하다. 보색의 대비를 살리면서도 색면의 효과를 높여 마티스만의 예술을 구축했다. 그는 피카소와 더불어 20세기 회화의 위대한 발자취를 남겼다.

그러나 앙리 마티스는 1908년 즈음 강한 색채 효과를 억제하는 등 새롭게 전개된 피카소 중심의 입체파(큐비즘)의 방향으로 눈을 돌린 적도 있었다. 그러다 모로코 여행에서 영감을 받은 앙리 마티스는 독특한 작품세계를 창조하게 된다. 포브 시대와는 다른 장식적인 현란한 색채를 사용했고, 아라베스크나 꽃무늬를 배경으로 한 평면적인 구성, 순수색의 병치(竝置) 기법을 사용했다. 이 무렵의 작품이 바로 〈목련꽃을 든 오달리스크〉다. 제2차 세계대전 후 1949년 프랑스 니스 방스성당의 건축 및 장식을 맡았는데, 이곳에서 그는 자신만의 모든 기법을 동원한 예술을 집대성했다.

그의 강렬한 표현력을 생각하면 〈이카루스〉는 좀 단순해 보이는 작품이다. 〈이카루스〉는 드로잉 작품 외에도 비슷한 시기에 제작된 색종이 작품이 더 유명하다. 마티스는 말년에 가위와 색종이를 이용한 여러 점의 작품을 완성한다. 그리고 "가위는 연필보다 더 감각적이다!"라는 말을 남겼다.

● 재료 : 식빵, 그릭 요거트, 양귀비씨, 건살구, 무화과잼, 크랜베리
● 만드는 시간 : 30분

나는 앙리 마티스가 1944년 제작한 〈이카루스〉에서 영감을 받아 식빵 위에 푸드 아트로 표현했다. 마티스에게 있어 푸른색은 거리감과 입체감을 의미한다고 한다. 나는 푸른색을 표현하기 위해 그릭 요거트에 양귀비씨를 섞어서 사용했다. 먼저 식빵 위에 양귀비씨 요거트를 골고루 평평하게 바른 다음, 사진과 같이 건살구를 잘라 이카루스 날개의 깃털처럼 배치했다. 짙은 색의 무화과잼으로 사람처럼 형상화하고 크랜베리를 작게 잘라 심장을 표현했다.

클로드 모네의 "수련"

클로드 모네(Claude Monet, 1840~1926)는 프랑스 출신의 인상주의 화가이다. 1873년 화가, 조각가, 판화가 등으로 이뤄진 무명예술가협회를 조직했는데, 이것이 인상주의의 모태가 되었다. 모네는 1874년 첫 번째 그룹전을 열어 〈인상, 일출〉을 출품했다. 이 전시를 관람한 비평가 루이 르로이(Louis Leroy)는 조롱의 의미를 담아 처음으로 '인상주의'라는 말을 사용했다고 한다. 그리고 인상파란 이름이 모네를 중심으로 한 화가 집단에 붙어지게 되었다.

1890년 이후부터 모네는 하나의 주제로 여러 장의 그림을 그리는 '연작'을 주로 제작했다. 〈건초더미〉, 〈포플러 나무〉, 〈루앙 대성당〉, 〈수련〉은 그의 대표적인 연작 작품이다. 모네는 연작을 통해 동일한 사물이 빛에 따라 어떻게 변하는지 캔버스에 표현했다. 폴 세잔느(Paul Cézanne)는 빛의 변화에 따라 세밀하게 표현하는 능력에 대해 '모네는 신의 눈을 가진 유일한 인간'이라는 유명한 찬사를 남기기도 했다. 그러나 태양이 뜨고 질 때까지 캔버스를 바꿔가며 하나의 대상을 그린 탓에 모네의 시력은 크게 손상되었다고 한다. 그리고 말년에 백내장으로 거의 시력을 잃게 되었지만 그림을 위해 붓을 손에서 놓지 않았다.

모네는 만년에 자신의 정원과 넓은 연못에 떠 있는 연꽃, 그리고 그 위에 펼쳐진 일본풍의 아치형 다리에서 영감을 얻었고, 자연을 감싼 미묘한 분위기나 빛을 받고 변화하는 풍경의 순간을 묘사하는 데 몰두했다. 나는 그가 남긴 연작 중 하나를 내 접시 위의 푸드 아트 〈수련〉으로 표현했다.

● 재료 : 식빵, 피스타치오 버터, 청사과, 키위
● 만드는 시간 : 20분

먼저 청사과와 키위를 사진과 같이 잘라 수련과 아치형 다리를 만든다. 그런 다음 식빵 위에 피스타치오 버터를 골고루 듬뿍 바른다. 피스타치오 버터의 독특한 녹색은 상큼한 과일 수련의 배경으로 아주 적합하다.

살바도르 달리의 "기억의 지속"

스페인 출신의 초현실주의 화가 살바도르 달리(Salvador Dalí, 1904~1989)는 꿈을 꾸는 듯한, 현실에서는 시각으로 나타날 수 없는 기묘한 느낌을 캔버스에 그려냈다. 초현실주의는 이성적인 창작보다 무의식에서 감지되는 형상을 표현하는 미술 운동이다. 살바도르 달리는 이른바 '초현실주의' 작가 중 주요한 인물로 우리에게 널리 알려져 있다. 그는 S.프로이트의 정신분석학설에 공명, 의식 속의 꿈이나 환상의 세계를 세밀하게 표현했다. 스스로 '편집광적 · 비판적 방법'이라 부른 그의 창작수법은 이상하고 비합리적인 환각을 객관적 · 사실적으로 표현한 것이다.

내가 표현한 푸드 아트는 달리의 대표작 〈기억의 지속〉이다. 달리의 고향인 바닷가 마을을 배경으로 한 〈기억의 지속〉의 그림을 살펴보면 저 멀리 바다와 해안선, 항구와 절벽 풍경이 보인다. 앙상한 나뭇가지 그리고 녹아내리는 시계가 있고, 주황색 회중시계에는 개미 떼가 몰려 있다. 나는 특히 많은 사람들에게 널리 알려져 있으며 달리의 아이콘이 된 이 '녹아내리는 시계'를 표현하기 위해 2가지 버전의 조리법을 시도했다.

● 재료 : 식빵, 페스토, 흰색 슬라이스 치즈, 블랙 올리브, 노란 파프리카, 무화과잼
● 만드는 시간 : 30분(굽는 시간 제외)

식빵 위에 올린 치즈 시계의 녹아내리는 모습을 표현하기 위해 굽기 전과 살짝 굽는 것을 함께 시도한다. 굽기 전 먼저 치즈를 시계 모양으로 자르고 블랙 올리브로 장식한다. 페스토 소스를 식빵의 2/3 면적에 골고루 바르고, 무화과잼으로 나뭇가지를 표현한다. 그런 다음 치즈 시계를 배치한다. 이때 시계 주변에 사진과 같이 식빵을 1/6로 잘라 올리고, 파프리카도 잘라 달리의 〈기억의 지속〉에서 나타난 묘한 분위기를 살리고자 했다.

Food Art
Contents
by IdaFrosk

Super Food
Toast

Oatmeal
and
Yogurt

Fresh
Pancake
The Art Toast

"Food Art"
IDAFROSK
www.idafrosk.com

EAT YOUR ART OUT

이다의 푸드 아트

Playful Breakfasts by IdaFrosk

초판 1쇄 인쇄 _ 2015년 07월 23일
초판 1쇄 발행 _ 2015년 08월 03일

지은이 _ 이다 시베네스
옮긴이 _ 손화수

펴낸곳 _ 세상풍경
펴낸이 _ 최형준
디자인 _ 디플 | 제작 _ 영창인쇄 | 제판 _ 블루엔
등록 _ 2007년 3월 28일 제313-2007-81호
주소 _ 서울시 마포구 서교동 376-11번지 YMCA빌딩 2층
도서 문의 _ 전화 02-322-4491 | 이메일 seniorc@naver.com
도서 주문 _ 전화 02-322-4410 | 팩스 02-322-4492
도서 물류 및 반품 _ 북패스 031-953-2913 경기도 파주시 파주읍 백석리 453-1
블로그 _ http://blog.naver.com/seniorc

값 11,500원
ISBN 979-11-85141-10-7 13590

＊ 잘못된 책은 구입하신 서점에서 바꿔 드립니다.
＊ 세상풍경은 독자 여러분의 소중한 생각과 의견을 기다리고 있습니다.
　 원고 투고 및 독자 의견은 seniorc@naver.com으로 간략한 내용, 주요 취지, 이름, 연락처 등을 보내주세요.